计算机系列教材

武建华 邱桔 严冬松 编著

# C语言程序设计 实验教程

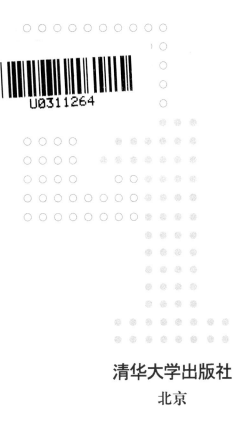

清华大学出版社

北京

## 内 容 简 介

学好计算机程序设计语言,最有效的方法就是上机编程练习。要提高编程能力,需要不断加强计算机语言基础和算法基础,不断提升逻辑思维能力和程序调试技巧,并保持对编程的兴趣。本书在充分考虑这些要素的基础上,以 Visual C++ 6.0 为实验平台,讲述 C 程序初步、输入输出、分支结构、循环结构、数组、函数、指针、结构体、位运算与文件,在每章中以基本知识提要、实验、练习题 3 个部分来组织内容。最后一章给出综合实验。全书阐述深入浅出,条理清晰,符合学习者认知规律,适合对 C 语言编程感兴趣的初学者,是 C 语言程序设计实验课的理想教材。

本书可作为高等学校理工类各专业程序设计实验教材,也可作为科技人员学习 C 语言程序设计的参考书。

**图书在版编目(CIP)数据**

C 语言程序设计实验教程/武建华,邱桔,严冬松编著. —北京:清华大学出版社,2018(2022.7 重印)
(计算机系列教材)
ISBN 978-7-302-51212-7

Ⅰ. ①C… Ⅱ. ①武… ②邱… ③严… Ⅲ. ①C 语言—程序设计—高等学校—教材 Ⅳ. ①TP312.8

中国版本图书馆 CIP 数据核字(2018)第 211451 号

责任编辑:张　民　战晓雷
封面设计:常雪影
责任校对:时翠兰
责任印制:杨　艳

出版发行:清华大学出版社
　　　　网　　　址:http://www.tup.com.cn,http://www.wqbook.com
　　　　地　　　址:北京清华大学学研大厦 A 座　　　　邮　　编:100084
　　　　社 总 机:010-83470000　　　　邮　　购:010-62786544
　　　　投稿与读者服务:010-62776969,c-service@tup. tsinghua. edu. cn
　　　　质量反馈:010-62772015,zhiliang@tup. tsinghua. edu. cn
　　　　课件下载:http://www. tup. com. cn,010-62795954
印 装 者:北京建宏印刷有限公司
经　　销:全国新华书店
开　　本:185mm×260mm　　　　印　张:11.25　　　　字　数:259 千字
版　　次:2018 年 12 月第 1 版　　　　印　次:2022 年 7 月第 2 次印刷
定　　价:29.00 元

产品编号:080104-01

# 前　　言

  C 语言作为计算机高级程序设计语言,有顽强的生命力和应用空间,在我国高等学校中广泛被设置为必修课程,其重要性毋庸置疑。尽管学习 C 语言的教材种类繁多,各有特色,但 20 多年的教学经验让作者深刻认识到编程实践是学好程序设计语言的最有效方法。要提高编程能力,需要不断加强计算机语言基础和算法基础,不断提升逻辑思维能力和程序调试技巧,并保持浓厚持久的编程兴趣。本书的编写充分考虑了这些要素,具有如下特点:

  (1) 注重基础知识和基本算法的学习和提高,奠定解决问题的方法基础。

  (2) 突出从问题到程序的抽象映射训练,培养学生的抽象思维及逻辑思维能力。

  (3) 实验内容从易到难,循序渐进,逐步提高学生的编程及调试能力。

  (4) 体现一定的工程应用背景,与后继面向对象程序设计实训课程相衔接。

  在本书前 9 章中以基本知识提要、实验、练习题 3 个部分来组织内容。在基本知识提要部分,点到为止,提纲挈领,帮助学生复习和抓住主要知识点。在实验部分,按实验内容、实验要求、设计分析、操作指导、进一步实验 5 个环节描述,反映了从问题到分析再到代码的映射过程。其中,在操作指导环节中,给出了实验内容的基础代码和运行结果,而在进一步实验中,提高实验内容难度,需要学生自学必要的知识,独立完成实验。这是一个逐步提高的过程。在练习题部分,结合本章的知识点,给出习题,巩固本章所学内容。第 10 章给出一个综合实验。

  希望读者通过编程实践认识到:学习 C 语言,不仅要精通 C 语言的语法,具有较高的编程技能,而且要以 C 语言为实践工具,了解和学习计算机程序设计的思想和方法,从而能够举一反三,具备解决实际问题的能力,具备快速学习新的计算机语言的能力。

  本书主要面向没有编程知识和编程经验的初学者。作为实验教材,本书要配合 C 程序设计理论课程的教材来学习使用。

  需要强调的是,在学习编程的实践过程中,不仅要多读程序,多写程序,而且亲自动手调试程序是更重要的。通过实际的编程以及积极的思考,学习者可以较快地掌握 C 语言的知识体系,积累许多宝贵的编程经验;通过不断实践和大量的编程练习,逐步成长为解决实际问题的 C 语言编程高手,这对后续课程的学习和个人编程水平提升都是必不可少的环节。

  本书由武建华、邱桔、严冬松共同执笔,全书的统稿工作由武建华负责。在编写过程中,为确保内容的正确性,作者参阅了不少参考文献,在此对相关作者表示感谢。学生杨蓉蓉完成了部分程序代码的调试。尽管我们尽了很大的努力,但限于水平,疏漏之处在所难免,欢迎同行专家和读者批评指正。

作 者<br>2018 年 5 月

# 目　　录

# 第1章　开发环境与C程序初步

**实验目的**

- 熟悉C语言上机实验环境。
- 掌握运行C程序的过程。
- 掌握C程序的结构和书写格式。
- 了解C程序的特点。

## 1.1　开发环境

Microsoft Visual C++ 6.0(以下简称VC++ 6.0)是 Microsoft 公司推出的以C++语言为基础的集成编程系统,发行至今一直被广泛应用于项目的开发。它不仅支持C++,也兼容C语言。因此,在本实验教材中,选择VC++ 6.0为实验平台。本节介绍如何在该平台上完成C程序的编写和调试。

### 1.1.1　C程序的上机步骤

编写C程序首先要定义和理解所要解决的问题,然后是设计算法和编写程序。一个程序的运行一般需要经过如下的几个步骤。

(1) 编辑源程序。在程序编辑界面,将C语句逐条输入并保存在事先设置好的文件中,文件的扩展名为".c"。包含C语句的文件称为源程序。

(2) 编译程序。在运行C程序之前,必须通过C编译器将源程序翻译成计算机能够理解的机器指令,这些机器指令构成源程序的目标文件。

(3) 链接程序。在链接过程中,将C程序的目标文件和C运行库中的其他文件(如源程序中调用的输入输出函数等)进行组合,从而形成可执行文件。

(4) 运行程序。运行可执行文件,观察程序的输出结果。

在上述步骤中,除非是编写最简单的程序,否则,不可避免地会出现一些错误,这些错误可能是编译时出错、链接时出错或运行时出错。此时,需要返回到编辑状态,通过恰当运用调试方法去修改程序中存在的错误,并对程序重新编译、链接和运行,直到得出正确的结果。C程序的上机步骤如图1-1所示。

### 1.1.2　VC++ 6.0 编程环境

在VC++ 6.0环境下编写和运行C程序的步骤如下:

(1) 启动VC++ 6.0,进入主界面,如图1-2所示。

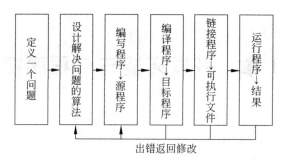

图 1-1  C 程序上机步骤

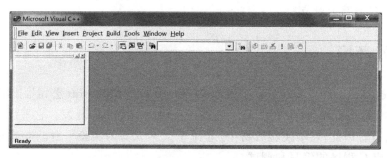

图 1-2  VC++ 6.0 主界面

（2）选择 File→New 命令，打开 New 对话框，选择 Files 选项卡中的 C++ Source File，并在 File 文本框中输入文件名，扩展名为".c"，选择保存文件的路径，建立新的 C 程序文件，如图 1-3 所示。

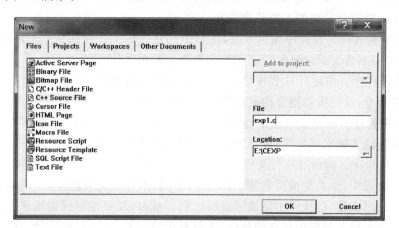

图 1-3  C 程序文件与保存路径

（3）单击 OK 按钮，进入 C 程序编辑界面，逐行输入 C 程序代码，注意 C 程序的缩进书写风格，这样便于阅读程序和检查错误，如图 1-4 所示。编辑界面光标的上下左右移动、复制粘贴等操作和普通的文字编辑界面类似，编辑操作简单易行。代码录入完成并检查无误后，单击工具栏中的保存按钮保存文件。

（4）选择 Build→Compile 命令编译源程序。在 VC 窗口的下方消息区，会显示编译

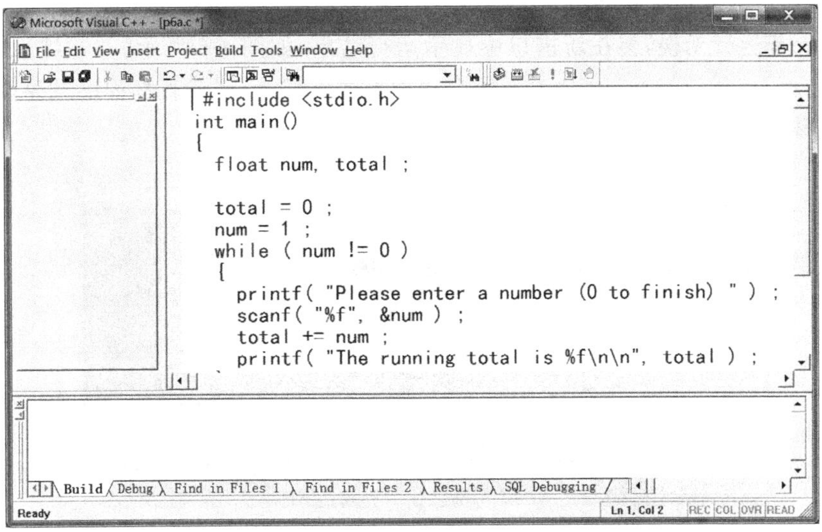

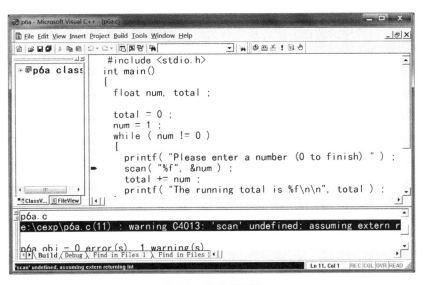

图 1-4　编辑源程序

的结果,如图 1-5 所示。如果编译时出错,在该消息区就会出现所有的错误和警告发生的代码位置和可能的错误原因。编译错误通常是违法了 C 语言的语法规定引起的,比如缺少分号、保留字写错、大括号不匹配等。若双击某行错误提示信息,则程序光标会立刻跳转到发生错误的代码行,提示编程者在本行内查找程序错误。因为各种错误之间存在关联,系统提示的出错行上可能没有错误,可在出错位置前面查找程序问题。修改完后重新编译,如果没有错误,在消息区显示"0 error(s), 0 warning(s)",提示编译通过。

图 1-5　编译源程序

　　(5)链接运行程序。选择 Build→Execute 命令,或者单击工具栏中的"!"按钮运行程序。若出现链接错误,往往是自定义函数名写错、包含文件路径出错等原因造成的。若运行结果不正确、出现死循环等,多是运行错误,需要使用调试程序的方法确定程序中存在的错误。若运行无误,会在新窗口中显示运行结果,如图 1-6 所示,并在结果的后面出现 Press any key to continue,这是系统自动加上的,便于编程者观察程序结果,按任意键就可关闭窗口。

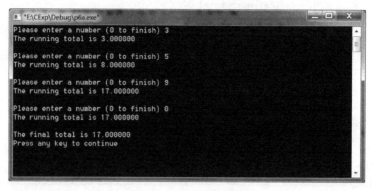

图 1-6 程序运行结果

注意,若想新建另一个程序,必须选择 File→Close Workspaces 命令关闭上一个程序的工作区,才能正确完成下一个程序的编译和运行,否则,将始终是第一个程序的运行结果。

### 1.1.3 调试方法

程序通过编译、链接和运行后若仍然存在错误,除了要检查程序中的算法是否正确外,更多的是利用程序的调试方法发现隐蔽的错误,提高程序的调试效率。

**1. 程序暂停**

如果在程序的执行过程中,想让程序执行到某一行暂停,以便观察程序运行中变量的值,可以将光标移动到相应行,然后按 Ctrl+F10 组合键(或 Ctrl+F10+Fn 组合键),如图 1-7 所示,当在 while 语句处让程序暂停(箭头指示位置)时,可在左下方监视窗口观察到变量 num 的当前值为 1。继续单击编译工具按钮,箭头消失,可以观察整个程序编译完成后的情况。

**2. 设置断点**

设置断点后,调试程序时执行到该点就中断程序的执行。可以在程序的任何一个语句上作断点标记,以便观察各个变量的值,判断此时变量的值是否是所期望的。按 F9 键可以设置一个断点,再按一次取消设置。

**3. 单步跟踪**

当程序在断点处暂停时,可以用单步跟踪方式调试程序。选择 Build→Start Debug

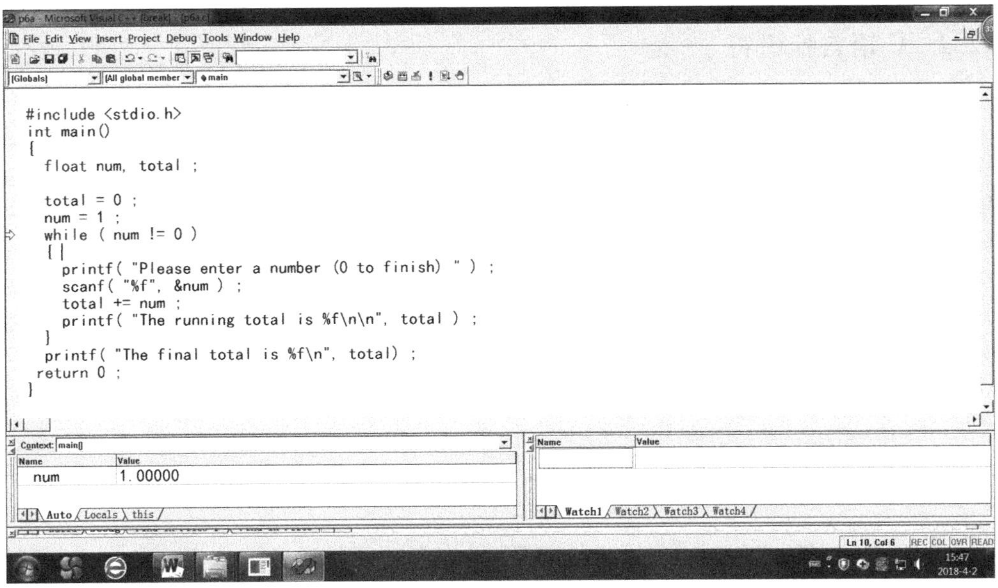

图 1-7 程序暂停

→Step Over 命令(或按 F10 键)可以一步一步跟踪程序的执行过程,同时观察变量的变化情况。当遇到自定义函数时,不进入函数内部执行。选择 Build→Start Debug→Step Into 命令(或按 F11 键)也可以一步步执行程序,但当遇到自定义函数时,就进入函数体内单步执行。

调试程序也可以在估计出错的地方用输出语句查看某些变量的值,判断此时变量的值是否是所期望的。调试程序是一个需要耐心和经验的过程,也是程序设计最基本的技能,需要通过大量的编程实践,才能逐步提高编程水平。

# 1.2 C 程序初步基本知识提要

## 1.2.1 C 语言的特点

C 语言自 1972 年于美国贝尔实验室诞生以来,获得了广泛的应用。C 语言的主要特点如下:

(1) 运算符丰富,表达能力强。具有高级语言和低级语言双重数据计算能力。

(2) 数据类型丰富,适于结构化程序设计。C 语言提供的程序控制结构和以函数为主的程序设计风格保证了 C 程序具有良好的结构,可以编写可靠性高、可读性好、易于维护的程序。

(3) 可移植性好。在一种计算机系统中用 C 语言编写的程序只要略加修改甚至无须修改就可以转换并运行在完全不同的计算机系统中。

(4) 简洁有效。C 语言基本组成部分精练、简洁。与其他语言编写的程序相比,C 程序更加简洁有效。

### 1.2.2　C语言标识符

标识符用于表示程序中各种对象的名字。标识符的构成规则如下：

（1）必须以字母（a～z,A～Z）或下画线"_"开始。

（2）后面可以跟随任意的字母、数字或下画线。

（3）大写字母和小写字母代表不同的标识符。

C语言的标识符可以分为3类：C语言的关键字、预定义标识符和用户标识符。关键字和预定义标识符在C语言中具有特殊的含义和作用，不能另作他用，如整型数据类型标识符int、库函数名printf()等。

### 1.2.3　C程序的组成

C程序是由函数组成的。C语言语句较少，许多功能是通过函数完成的。C语言提供了丰富的库函数和自定义函数功能，使程序设计灵活且结构清晰。

例如，一个C程序如下：

```c
#include "stdio.h"
int main()
{
    int x;
    scanf("%d",&x);
    printf("x=%d\n",x);
    return 0;
}
```

说明：

（1）C程序是从main()函数开始的；

（2）整个程序执行的顺序为main()→scanf()→printf()，所以说C程序由函数组成。

## 1.3　实验1：两个简单的C程序

本实验1学时。

### 1.3.1　字符串加密

#### 1. 实验内容

将china译成密文，加密规则是：字符串中的每个字母用字母表中它后面第4个字母代替。例如，字母a后面第4个字母是e，因此用e代替a。最终，china应译为glmre。

**2. 实验要求**

（1）输入事先已编好的程序，并运行该程序，分析是否符合要求。

（2）将加密规则修改为：字符串中的每个字母用字母表中它前面第4个字母代替，例如，e用a代替，z用u代替，d用z代替，c用y代替。修改程序并运行。

**3. 设计分析**

用赋初值的方法使 $c_1$、$c_2$、$c_3$、$c_4$、$c_5$ 这5个变量的值分别为'c'、'h'、'i'、'n'、'a'，经过运算，输出 $c_1$、$c_2$、$c_3$、$c_4$、$c_5$ 这5个变量值。

**4. 操作指导**

（1）在E盘创建文件夹"C语言"和子文件夹"实验1"，用于存放本章所有实验的程序项目。

（2）启动VC++ 6.0，进入集成开发环境，在菜单栏中选择File→New命令，弹出New对话框。

（3）选择Files选项卡中的C++ Source File，在File文本框中输入文件名exp1，扩展名为".c"，在Location文本框中指定该项目保存的位置，或单击浏览按钮，选择文件夹路径"E:\C语言\实验1"。

（4）单击OK按钮后，集成开发环境自动打开源代码编辑窗口，这样就进入编程环境，可输入程序代码。

程序代码：

```
/*实验1-exp1.c*/
#include <stdio.h>
int main()
{
    char c1,c2,c3,c4,c5;
    scanf("%c%c%c%c%c",&c1,&c2,&c3,&c4,&c5);
    printf("%c%c%c%c%c\n",c1+4,c2+4,c3+4,c4+4,c5+4);
    return 0;
}
```

（5）选择菜单Build→Compile exp1.c命令，编译程序，无错后再选择Build→Execute exp1.exe命令运行程序，在弹出的程序窗口中输入china，按回车键就可以看到运行结果了，如图1-8所示。实验要求（2）的内容由学生自己完成。

图1-8 实验1的exp1.c程序运行结果

**5. 进一步实验**

（1）若要求将world译成密文，加密规则同上，请编写程序。

（2）若要求对任意一串字符做加密处理，程序应怎样修改？

### 1.3.2　3 个数的最大值

**1. 实验内容**

编写一个 C 程序,输入 3 个整数,输出其中最大者。

**2. 实验要求**

(1) 记录在调试过程中发现的错误、系统给出的出错信息和对策,分析讨论对策成功或失败的原因。

(2) 总结 C 程序的结构和书写规则。

(3) 总结运行 C 程序的步骤。

**3. 设计分析**

定义 3 个变量 a、b、c 存放 3 个整数,再定义一个变量 max 存放最大值。程序首先将 a 和 b 中的较大者赋给 max,然后比较 max 和 c 的值,把大数放到 max 中,这样 max 中存放的就是 3 个数据的最大值。

**4. 操作指导**

(1) 在菜单栏中选择 File→Close Workspaces 命令,关闭前一个程序的运行空间。

(2) 在菜单栏中选择 File→New 命令,弹出 New 对话框。

(3) 选择 Files 选项卡中的 C++ Source File,在 File 文本框中输入文件名 exp2,扩展名为“.c”,在 Location 文本框中指定该项目保存的位置,或单击“浏览”按钮,选择文件夹路径“E:\C 语言\实验 1”。

(4) 单击 OK 按钮后,输入程序代码。

程序代码:

```c
/ * 实验 1-exp2.c * /
#include <stdio.h>
int main()
{
    int a,b,c,max;
    scanf("%d%d%d",&a,&b,&c);
    if(a>=b)
        max=a;
    else
        max=b;
    if(c>=max)
        max=c;
    printf("%d\n",max);
    return 0;
}
```

（5）运行程序。程序经过编译和链接后，输入"10 20 30"，运行结果如图 1-9 所示。

**5．进一步实验**

图 1-9　实验 1 的 exp2.c 程序运行结果

在 exp2.c 运行时输入下列数据，观察程序的运行结果。对于超出指定范围的数，系统是如何处理的？

```
-200  0  200
-2000000000  0  2000000000
-2200000000  0  2200000000
```

# 练习题

**一、单项选择题**

1．假设所有变量均为整型，则表达式(a=2,b=5,++b,a+b)的值是（　　　）。

　　A．7　　　　　　　B．8　　　　　　　C．6　　　　　　　D．2

2．若有以下定义，则能使值为 3 的表达式是（　　　）。

```
int k=7,x=12;
```

　　A．x％＝(k％＝5)　　　　　　　　B．x％＝(k−k％5)

　　C．x％＝k−k％3　　　　　　　　D．(x％＝k)−(k％＝5)

3．若定义 int a＝3,b＝4,c＝5;，则表达式!（a＋b）＋c−1&&b＋c/2 的值为（　　　）。

　　A．0　　　　　　　B．1　　　　　　　C．3　　　　　　　D．6

4．表达式(1＜2)?2:(3＞4)?5:6 的值为（　　　）。

　　A．2　　　　　　　B．5　　　　　　　C．6　　　　　　　D．1

5．能正确表示 a≥10 或 a≤0 的关系表达式是（　　　）。

　　A．a>＝10 or a<＝10　　　　　　B．a>＝10|a<＝0

　　C．a>＝10||a<＝0　　　　　　　D．(a>＝10,a<＝0)

6．以下表达式中（　　　）的值为 0（设 int a=1,b=0;）。

　　A．a=0　　　　　B．b==0　　　　　C．b=1　　　　　D．a==1

7．以下（　　　）是不正确的转义字符。

　　A．'\\'　　　　　　B．'\"　　　　　　C．'081'　　　　　　D．'\0'

8．设 int a=2,b;，则执行"b=a==!a;"语句后，b 的值为（　　　）。

　　A．0　　　　　　　B．1　　　　　　　C．2　　　　　　　D．3

9．已知字符变量 x 的值为某一小写英文字母，以下表达式中，（　　　）的值是其对应的大写字母。

　　A．x+'G'−'g'　　　B．x+'a'−'A'　　　C．x+32　　　　D．x−32

10．以下程序片段的输出结果为（　　　）。

```
int a=15,b=5,c;
c=(a+b,a-b);
printf("c=%d",c);
```

     A. c＝20         B. c＝10         C. c＝30         D. 10

## 二、写出程序的运行结果

1.

```
main()
{
    char c1='a',c2='b',c3='c',c4='\101',c5='\116';
    printf("a%c b%c\tc%c\tabc\n",c1,c2,c3);
    printf("\t\b%c %c",c4,c5);
}
```

2.

```
main()
{
    int a=2,b=3;
    a=a+b; b=a-b; a=a-b;
    printf("%d,%d\n",a,b);
}
```

3.

```
#include <stdio.h>
int main(void)
{
    char ch;
    int i;
    ch='A';
    ch=ch+5;
    i=ch;
    printf("%d is %c\n",i,ch);
    printf("%c is %d\n",ch,ch);
    return 0;
}
```

# 第2章 输入输出

**实验目的**

- 熟练掌握 C 语言数据类型的定义与赋值方法。
- 熟练掌握运算符及表达式的使用方法。
- 熟练掌握 printf() 函数和 scanf() 函数。

## 2.1 输入输出基本知识提要

### 2.1.1 数据类型

C 语言提供的基本数据类型有字符型(char)、整型(int)、单精度实型(float)、双精度实型(double)。可以使用 short、long、signed、unsigned 修饰上述数据类型标识符,形成更多的数据类型。

字符型数据在内存中占 1 字节,大多数编译系统将字符型数据作为无符号整数,其取值范围是 ASCII 码值为 0~255 对应的字符。

根据取值范围的不同,整型数据进一步分为基本整型(int)、短整型(short int)和长整型(long int)。整型和短整型在内存中占 2 字节,其取值范围为 −32 768~32 767;长整型在内存中占 4 字节,其取值范围为 −2 147 483 648~2 147 483 647,整型数据类型的位数和取值范围如表 2-1 所示。注意,在 VC++ 6.0 中,基本整型(int)在内存中占 4 字节。

表 2-1 整型数据类型

| 类型名 | 类型说明符 | 二进制位数 | 取值范围 |
| --- | --- | --- | --- |
| 基本整型 | int | 16 | −32 768~32 767 |
| 短整型 | short int | 16 | −32 768~32 767 |
| 长整型 | long int | 32 | −2 147 483 648~2 147 483 647 |
| 无符号整型 | unsigned int | 16 | 0~65 535 |
| 无符号短整型 | unsigned short int | 16 | 0~65 535 |
| 无符号长整型 | unsigned long int | 32 | 0~4 294 967 295 |

实型数据在计算机中一般采用浮点形式存储,C 语言提供了两种浮点数格式:单精度(float)和双精度(double)。float 型数据占 32 位,其中尾数占 24 位,阶码占 8 位;

而 double 型数据占 64 位,其中尾数占 52 位,阶码占 12 位。实型数据类型如表 2-2 所示。

**表 2-2　实型数据类型**

| 类型名 | 类型说明符 | 二进制位数 | 取值范围 | 精　度 |
|---|---|---|---|---|
| 单精度浮点型 | float | 32 | $3.4 \times 10^{-38} \sim 3.4 \times 10^{38}$ | 8 位有效数字 |
| 双精度浮点型 | double | 64 | $1.79 \times 10^{-308} \sim 1.79 \times 10^{308}$ | 16 位有效数字 |

## 2.1.2　常量和变量

常量是在程序的运行过程中其值不能被改变的量,即不接受程序修改的固定值,例如程序中的具体数字、字符等。

使用预处理指令♯define 可以定义符号常量。例如:

```
#define  PI  3.14159
```

在对程序进行预处理时,预处理器把每一个符号常量用其表示的常量值替换。

在程序中数据连同其存储空间被抽象为变量。变量代表内存中存储某类数据的存储单元,对变量进行运算处理,实质上就是对该存储单元中的数据进行运算处理。

变量定义的一般形式为

类型说明符　变量名列表;

例如:

```
int a,b,sum;
```

变量赋值的一般形式为

变量名=表达式;

例如:

```
a=2;b=3;
sum=a+b;
```

## 2.1.3　运算符与表达式

C 语言的运算符分为算术运算符、关系运算符和逻辑运算符等,其结合性和优先级如表 2-3 所示。

例如,判断 x 是否在[a,b]范围内,应写成 a<=x&&x<=b。

由运算符把常量、变量、函数等连接起来的有意义的式子叫表达式。在 C 语言中,大多数的计算都是由表达式完成的。

表 2-3　运算符的结合性和优先级

| 运算符 | 运 算 规 则 | 结合性 | 优先级 |
|---|---|---|---|
| ！ | 逻辑非 | 右结合 | 高 |
| ＋＋、－－、＋、－ | 自增、自减、取正、取负 | 右结合 | |
| sizeof | 取长度 | | |
| ＊、/、％ | 乘、除、取余 | 左结合 | |
| ＋、－ | 加、减 | | |
| ＜、＜＝、＞、＞＝ | 小于、小于或等于、大于、大于或等于 | | |
| ＝＝、！＝ | 等于、不等于 | | |
| &&、‖ | 逻辑与、逻辑或 | | |
| ？： | 条件 | 右结合 | |
| ＝ | 赋值 | | 低 |
| , | 逗号 | 左结合 | |

## 2.1.4　输入输出语句

### 1. 格式化输出函数 printf( )

格式：

```
printf(格式控制符,输出表达式 1,输出表达式 2,…);
```

语义：按规定的格式控制符输出各表达式的值。

几个常用的输出格式控制符如下：

%c：输出一个字符。

%d：以十进制形式输出一个整数。

%md：以十进制形式占 m 个字符宽度输出一个整数，如%3d。

%f：以小数形式输出一个实数。

%m.nf：以小数形式占 m 个字符宽度输出一个实数，其中小数占 n 个字符宽度。

### 2. 格式化输入函数 scanf( )

格式：

```
scanf(格式控制字符串,地址 1,地址 2,…);
```

语义：scanf( )函数的功能是将输入数据送入相应的存储单元。具体地说，它是按格式控制符的要求，从终端上把数据传送到地址所指定的内存空间中。

几个常用的输入格式控制符如下：

%c：输入一个字符。

%d：输入一个十进制整数。

%f：以小数形式输入一个 float 型实数。

%lf：以小数形式输入一个 double 型实数。

**【例 2-1】** 计算圆的面积。

分析：设圆的半径为 radius，圆的面积为 area，则根据下式求圆的面积：

$$area = \pi \times radius$$

程序代码：

```
#include <stdio.h>
#define PI 3.14
int main()
{
    int radius;
    double area;
    radius=10;
    area=PI * radius * radius;
    printf("radius=%d,area=%6.2f\n",radius,area);
    return 0;
}
```

程序运行结果：

```
radius=10,area=314.00
```

## 2.2 实验 2：输入输出

本实验 2 学时。

### 2.2.1 三角形面积

**1. 实验内容**

（1）编写程序，用 scanf()函数读入两个字符给 c1、c2，然后分别用 putchar()函数和 printf()函数输出这两个字符。

（2）已知三角形 3 条边长，求面积。

**2. 实验要求**

（1）比较用 printf()函数和 putchar()函数输出字符的特点。

（2）实验内容（2）中，三角形面积精确到小数点后两位。

**3. 设计分析**

对实验内容（1），定义 c1、c2 两个变量存放字符，程序首先用 scanf("%c%c",&c1，

&c2)输入两个字符,然后用 putchar(c1)和 printf("%c\n",c2)输出这两个字符。

对实验内容(2),先用 scanf()函数输入 3 条边 a、b、c,在能构成三角形的情况下,用公式 s=sqrt(s(s-a)(s-b)(s-c))计算面积,其中,s=(a+b+c)/2。

### 4. 操作指导

(1)在 E 盘文件夹"C 语言"下创建文件夹"实验 2",用于存放本章创建的所有程序项目。

(2)启动 VC++ 6.0,进入集成开发环境,在菜单栏中选择 File→New 命令,弹出 New 对话框。

(3)选择 Files 选项卡中的 C++ Source File,在 File 文本框中输入文件名 exp1,扩展名为".c",在 Location 文本框中指定该项目保存的位置,或单击"浏览"按钮,选择文件夹路径"E:\ C 语言\实验 2"。

(4)单击 OK 按钮后,集成开发环境自动打开源代码编辑窗口,这样就进入编程环境,可输入程序代码。

程序代码:

```
/ * 实验 2-exp1.c * /
#include <stdio.h>
int main()
{
    char c1,c2;
    scanf("%c%c",&c1,&c2);
    putchar(c1);
    printf("%c\n",c2);
    return 0;
}
```

(5)运行程序。程序经过编译和链接后,在运行时输入两个字符 ab,运行结果如图 2-1 所示。

图 2-1 实验 2 的 exp1.c 程序运行结果

当完成实验内容(1)的程序后,注意在菜单栏中选择 File→Close Workspaces 命令关闭前一个程序的运行空间,然后再建立实验内容(2)的 exp2.c 文件。

程序代码:

```
/ * 实验 2-exp2.c * /
#include <stdio.h>
#include <math.h>
int main()
{
    int a,b,c;
    double s;
    scanf("%d%d%d",&a,&b,&c);
```

```
    if(a+b>c&&a+c>b&&b+c>a)
    {
        s=(a+b+c)/2.0;
        s=sqrt(s * (s-a) * (s-b) * (s-c));
        printf("%0.2lf\n",s);
    }
    return 0;
}
```

程序经过编译和链接后,输入 3 条边的长度
"3 4 5",运行结果如图 2-2 所示。

图 2-2  实验 2 的 exp2.c 程序运行结果

**5. 进一步实验**

(1) 若用 getchar()函数读入两个字符给 c1、c2,程序 exp1.c 怎样修改?

(2) 在 exp2.c 中,sqrt()函数的参数类型是什么? 在计算 s 的值时,为什么用 2.0 参
与运算? 若用整型数据参与计算,变量 a、b、c 应该定义为什么类型?

## 2.2.2  温度转换

**1. 实验内容**

编写程序,将摄氏温度 c 转换为华氏温度 f,其转换公式为 $f=c\times 9/5+32$。

**2. 实验要求**

(1) 输入程序,并运行该程序。分析运行结果是否正确。

(2) 从 0℃到 30℃,每隔 5℃,计算摄氏温度与华氏温度的转换结果。

**3. 设计分析**

定义 c、f 两个变量存放摄氏温度与华氏温度,程序首先用 scanf("%d",&c) 输入摄
氏温度,然后用公式 f=c * 9/5+32 计算对应的华氏温度并输出。

**4. 操作指导**

(1) 在菜单栏中选择 File→Close Workspaces 命令,关闭前一个程序的运行空间。

(2) 在菜单栏中选择 File→New 命令,弹出 New 对话框。

(3) 选择 Files 选项卡中的 C++ Source File,在 File 文本框中输入文件名 exp3,扩展
名为".c",在 Location 文本框中指定该项目保存的位置,或单击"浏览"按钮,选择文件夹
路径"E:\ C 语言\实验 2"。

(4) 单击 OK 按钮后,集成开发环境自动打开源代码编辑窗口,这样就进入编程环
境,可输入程序代码。

程序代码:

```
/* 实验 2-exp3.c */
#include <stdio.h>
int main()
{
    int c;
    double f;
    scanf("%d",&c);
    f=c*9/5.0+32.0;
    printf("%0.2lf\n",f);
    return 0;
}
```

(5) 运行程序。程序经过编译和链接后,输入摄氏温度值 26,运行结果如图 2-3 所示。

图 2-3 实验 2 的 exp3.c 程序运行结果

**5. 进一步实验**

若从 0℃到 30℃,每隔 5℃,输出摄氏温度与华氏温度的转换对照表,需要用到循环语句,怎样修改程序? 输出结果如何?

# 练习题

**一、单项选择题**

1. 以下程序的输出是(　　)。

```
main()
{ int x=10,y=3;
  printf("%d\n",y=x/y);
}
```

  A. 0　　　　　　　B. 1　　　　　　　C. 3　　　　　　　D. 不确定的值

2. 若想通过以下输入语句使 a=5.0,b=4,c=3,则输入数据的形式应该是(　　)。

```
int b,c; float a;
scanf("%f,%d,c=%d",&a,&b,&c);
```

  A. 5.0　4　3　　　B. 5.0,4,3　　　C. 5.0,4,c=3　　D. a=5.0,b=4,c=3

3. 以下程序执行后的输出结果是(　　)。

```
main()
{ int x='f'; printf("%c\n",'A'+(x-'a'+1)); }
```

  A. G　　　　　　　B. H　　　　　　　C. I　　　　　　　D. J

4. 定义 int n=5;,以下语句的输出结果为(　　)。

```
printf(n%2 ? "AAA": "BBB");
```

A. 无输出　　　　　B. AAA　　　　　C. BBB　　　　　D. AAABBB

5. 以下程序的输出结果是（　　）。

```
main()
{  int x=2,y=2,z;
   x*=3+2;printf("%d\t",x);
   x*=y=z=4;printf("%d",x);
}
```

　　A. 8　　32　　　　　　　　　　B. 10　　　40
　　C. 30　　25　　　　　　　　　　D. 10　　　20

6. 若 k 是 int 型变量，且有下面的程序片段：

```
k=--3;
if(k<=0) printf("####");
else       printf("&&&&");
```

则输出结果是（　　）。
　　A. ####　　　　　　　　　　B. &&&&
　　C. ####&&&&　　　　　　　　D. 有语法错误，无输出结果

7. 以下程序运行后，如果从键盘上输入 5，则输出结果是（　　）。

```
main()
{  int x; scanf("%d",&x);
   if(x--<5) printf("%d\n",x);
   else printf("%d\n",x++);
}
```

　　A. 3　　　　　　B. 4　　　　　　C. 5　　　　　　D. 6

8. C 语言中最简单的数据类型包括（　　）。
　　A. 整型、实型、逻辑型　　　　　　B. 整型、实型、字符型
　　C. 整型、字符型、逻辑型　　　　　D. 整型、实型、逻辑型、字符型

9. 语句 int j=3;m=(++j)+(++j)+(j++);执行后 m、j 的值为（　　）。
　　A. 15 和 6　　　B. 15 和 5　　　C. 14 和 6　　　D. 14 和 5

10. 在 C 语言中，若函数返回值未显式说明，则其返回值隐含类型为（　　）。
　　A. float　　　　B. void　　　　C. char　　　　D. int

## 二、写出程序的运行结果

1.

```
main()
{
    int a=5,b=10,c=5;
    a=b==c;
```

```
    printf("%d\n",a);
    a=a==(b-c);
    printf("%d\n",a);
}
```

2.

```
main()
{
    int x,y,z;
    x=y=z=1;
    x+=y;
    y+=z;
    z+=x;
    printf("%d\n",x>y?x:y);
    printf("%d\n",x>z?x--:z++);
    (x>=y>=z)?printf("you"): printf("me");
    printf("\nx=%d,y=%d,z=%d \n",x,y,z);
}
```

3.

```
main()
{
    int x,y,z;
    x=y=2;z=3;
    y=x++ -1; printf("%d\t%d\t",x,y);
    y=++x-1; printf("%d\t%d\t",x,y);
    y=z- -+1; printf("%d\t%d\t",z,y);
    y=--z+1; printf("%d\t%d\n",z,y);
}
```

# 第 3 章  分 支 结 构

**实验目的**

- 学会正确使用关系、逻辑运算符和表达式。
- 熟练掌握 if 语句和 switch 语句。
- 掌握算法基础知识。

## 3.1  分支结构基本知识提要

### 3.1.1  if 语句

**1. 单分支选择结构**

句型：

if(表达式)  语句;

语义：计算表达式的值,当表达式的值为真时执行语句,否则执行 if 语句的下一条语句。

【例 3-1】  求一个数的绝对值。

分析：正数的绝对值就是其本身;若 x 是负数,则 $|x| = -x$。

程序代码：

```c
#include "stdio.h"
int main()
{
    float x;
    scanf("%f",&x);
    if(x<0)
        x=-x;
    printf("%6.2f\n",x);
    return 0;
}
```

输入 -6,程序运行结果为 6.00。

**2. 双分支选择结构**

句型：

if(表达式)

```
    语句 1;
else
    语句 2;
```

语义：计算表达式的值，当表达式的值为真时执行语句 1，否则执行语句 2。

**【例 3-2】** 判断水仙花数。

分析：一个 3 位数，若其各位数字的立方和等于该数本身，则这个 3 位数是水仙花数。

程序代码：

```
#include "stdio.h"
int main()
{
    int x,x1,x2,x3,y;
    printf("请输入一个 3 位整数：");
    scanf("%d",&x);
    x1=x%10;
    y=x/10;
    x2=y%10;
    x3=y/10;
    if(x1 * x1 * x1+x2 * x2 * x2+x3 * x3 * x3==x)
        printf("%d 是水仙花数 \n",x);
    else
        printf("%d 不是水仙花数 \n",x);
    return 0;
}
```

程序运行结果：

```
请输入一个 3 位整数：153
153 是水仙花数
```

### 3. 多分支选择结构

句型：

```
if(表达式 1)
    语句 1;
else if(表达式 2)
    语句 2;
    ⋮
else if(表达式 n)
    语句 n;
else
    语句 n+1;
```

语义：计算表达式的值。当表达式 1 的值为真时，执行语句 1；否则，当表达式 2 的值为真时，执行语句 2……否则当表达式 n 的值为真时，执行语句 n；否则执行语句 n+1。

**【例 3-3】** 输入三角形的 3 条边，若能组成三角形，则判断是等边三角形、等腰三角形、直角三角形还是一般三角形，否则输出"不能组成三角形"。

分析：根据各类三角形的组成条件，用 else if 语句完成判断。

程序代码：

```
#include "stdio.h"
#include "math.h"
int main()
{
    float a,b,c;
    float s,area;
    scanf("%f%f%f",&a,&b,&c);
    if(a+b>c&&a+c>b&&b+c>a)
    {   s=(a+b+c)/2;
        area=sqrt(s*(s-a)*(s-b)*(s-c));
        printf("%6.2f\n",area);
        if(a==b&&b==c)
            printf("等边三角形\n");
        else if(a==b||a==c||b==c)
            printf("等腰三角形\n");
        else if((a*a+b*b==c*c)||(a*a+c*c==b*b) ||(b*b+c*c==a*a))
            printf("直角三角形\n");
        else
            printf("一般三角形\n");
    }
    else
        printf("不能组成三角形\n");
}
```

程序运行结果：

```
3 4 5
6.00
直角三角形
```

### 4. 条件表达式

条件表达式也称问号表达式，一般格式为

表达式 1?表达式 2:表达式 3

语义：当表达式 1 的值为真时，取表达式 2 的值为条件表达式的值，否则取表达式 3 的值为条件表达式的值。

**【例 3-4】** 计算 a+|b|的值。

程序代码：

```
#include "stdio.h"
int main()                              /* 计算 a+|b|的值 */
{
    float a,b;
    printf("input 2 reals please: ");
    scanf("%f%f",&a,&b);
    printf("\n%6.2f+|%6.2f|=%6.2f",a,b,b>=0?a+b:a-b);
    return 0;
}
```

程序运行结果：

```
input 2 reals please:5 -3
5.00+|-3.00|=8.00
```

## 3.1.2 switch 语句

句型：

```
switch(表达式)
{
    case 常量表达式 1:
        语句序列 1;[break;]
    case 常量表达式 2:
        语句序列 2;[break;]
        ⋮
    case 常量表达式 n:
        语句序列 n;[break;]
    default:
        语句序列 n+1;
}
```

语义：当表达式的值与某个常量表达式的值相等时,顺序执行该 case 后面的语句。如果表达式的值与所有常量表达式的值都不相等,则执行 default 后面的语句。当执行 break 语句时,跳出 switch 语句,顺序执行其后继语句。

**【例 3-5】** 输入一个半径 r 和一个整数 k。当 k=1 时,计算圆的面积;当 k=2 时,计算圆的周长;当 k=3 时,同时计算圆的面积和周长。请编写程序。

程序代码：

```
#include "stdio.h"
#define pi 3.14
int main()
{
```

```
    int k;float r,c,a;
    printf("input r,k\n");
    scanf("%f,%d",&r,&k);
    switch(k);
    {
        case 1:
        {   a=pi * r * r;
            printf("area=%6.2f\n",a);break; }
        case 2:
        {   c=2 * pi * r;
            printf("circle=%6.2f\n",c);break; }
        case 3:
        {   a=pi * r * r;
            c=2 * pi * r;
            printf("area=%f circle=%6.2f\n",a,c);break; }
    }
    return 0;
}
```

程序运行结果:

```
10 1
area=314.00
```

### 3.1.3　算法

**1. 算法**

算法是解决问题的方法,由一系列操作组成。由于实际问题的多样性和复杂性,导致解决问题的方法千变万化。对初学者来说,应学会读懂算法,掌握一些典型的基本算法。

**2. 算法的基本性质**

算法有以下3个基本性质:

(1)有效性。算法所规定的操作都应当是能够有效执行的。

(2)确定性。有两重意义:一是算法所描述的操作应当具有明确的意义,不应当有歧义性;二是操作序列只有一个初始动作,序列中每一动作仅有一个后继动作,序列终止表示问题得到解答或问题没有解答,不能没有任何结论。

(3)有穷性。算法在有限步骤内结束。

### 3.1.4　算法描述工具和算法的评价

**1. 算法描述工具**

1)流程图

流程图是一种流传很广的算法描述工具。它用一些图框表示各种类型的操作,用线表示这些操作的执行顺序。

【例 3-6】 用流程图描述从 3 个数中取最大数的算法。

算法如图 3-1 所示。

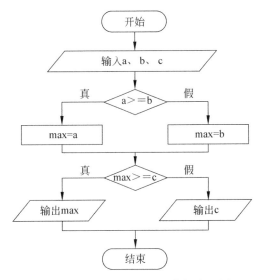

图 3-1 求 3 个数中取最大数的流程图

2）N-S 图

灵活的流线是程序中隐藏错误的祸根。针对这一弊病，1973 年，两位美国学者提出了一种无流线的流程图，称为 N-S 图。它不会出现由于乱用流线造成的算法混乱。

【例 3-7】 用 N-S 图描述从 3 个数中取最大数的算法。

算法如图 3-2 所示。

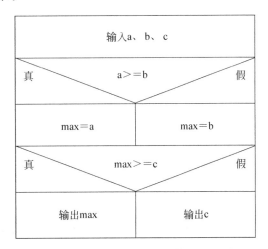

图 3-2 求 3 个数中取最大数的 N-S 图

3）伪代码

伪代码是用介于自然语言与计算机语言之间的文字符号描述算法的工具。它无固定的、严格的语法规则,通常是借助某种高级语言的控制结构,用自然语言(如中文或英文)或自然语言与程序设计语言的混合体描述算法。

**【例 3-8】** 用伪代码描述从 3 个数中取最大数的算法。

算法如图 3-3 所示。

**2. 算法的评价**

一个好算法应该具有较短的执行时间并占用较少的存储空间。

算法的复杂性是对算法所需时空资源的一种度量。所需资源越多,算法的复杂性就越高;反之,算法的复杂性就越低。

对于给定的实际问题,设计出复杂性尽可能低的算法是算法设计的一个重要目标。当给定的问题有多种算法时,选择复杂性最低的算法,一般情况下是选择算法时应遵循的一个准则。

```
输入 a、b、c;
if(a>=b)
    max=a;
else
    max=b
if(max>=c)
    输出 max;
else
    输出 c;
```

图 3-3　求 3 个数中取最大数的伪码描述

# 3.2　实验 3:分支结构

本实验 4 学时。

## 3.2.1　百分制成绩转换为等级

**1. 实验内容**

给出一个百分制成绩,要求输出成绩等级 A~E。90 分以上为 A,80~89 分为 B,70~79 分为 C,60~69 分为 D,60 分以下为 E。

**2. 实验要求**

(1) 分别用 if 语句和 switch 语句来实现。

(2) 当输入数据小于 0 和大于 100 时,提示"输入数据错",程序结束。

**3. 设计分析**

定义整型变量 score 存放分数,若输入的分数为 0~100,则是有效数据。然后用 if 语句判断其值,输出相应的等级。若用 switch 语句来写,其后的表达式可以用(score/10)来表示。

**4. 操作指导**

(1) 在 E 盘文件夹"C 语言"下创建文件夹"实验 3",用于存放本章创建的所有程序项目。

（2）启动 VC++ 6.0，进入集成开发环境，在菜单栏中选择 File→New 命令，弹出 New 对话框。

（3）选择 Files 选项卡中的 C++ Source File，在 File 文本框中输入文件名 exp1，扩展名为".c"，在 Location 文本框中指定该项目保存的位置，或单击"浏览"按钮，选择文件夹路径"E:\ C 语言\实验 3"。

（4）单击 OK 按钮后，集成开发环境自动打开源代码编辑窗口，这样就进入编程环境，可输入程序代码。

程序代码：

```c
/*实验 3-exp1.c*/
#include <stdio.h>
int main()
{
    int score;
    scanf("%d",&score);
    if(score>=0&&score<=100)
    {
        if(score>=90)
            printf("A\n");
        else if(score>=80)
            printf("B\n");
        else if(score>=70)
            printf("C\n");
        else if(score>=60)
            printf("D\n");
        else
            printf("E\n");
    }
    else
        printf("输入数据错\n");
    return 0;
}
```

（5）运行程序。程序经过编译和链接后，运行时输入成绩 86，运行结果如图 3-4 所示。

图 3-4　实验 3 的 exp1.c 程序运行结果

**5. 进一步实验**

若输入的成绩不是 0～100,提示"输入成绩应为 0～100,请重新输入!",程序需要如何修改?

## 3.2.2 二次方程

**1. 实验内容**

求二次方程的根。写一个程序,输入 3 个实数,将这三个数看作一元二次方程 $ax^2 + bx + c = 0$ 的 3 个系数,求方程实根并打印输出。

**2. 实验要求**

输入 3 个系数,程序只输出实根。若无实根,则输出 No real root。

**3. 设计分析**

根据输入的数据,首先计算 $b^2 - 4ac$ 的值,若其大于或等于 0,则计算实根并输出。

**4. 操作指导**

(1) 在菜单栏中选择 File→Close Workspaces 命令,关闭前一个程序的运行空间。

(2) 在菜单栏中选择 File→New 命令,弹出 New 对话框。

(3) 选择 Files 选项卡中的 C++ Source File,在 File 文本框中输入文件名 exp2,扩展名为". c",在 Location 文本框中指定该项目保存的位置,或单击"浏览"按钮,选择文件夹路径"E:\C 语言\实验 3"。

(4) 单击 OK 按钮后,集成开发环境自动打开源代码编辑窗口,这样就进入编程环境,可输入程序代码。

程序代码:

```
/ * 实验 3-exp2.c * /
#include <stdio.h>
#include <math.h>
int main()
{
    double a,b,c;
    double temp,d;
    scanf("%lf%lf%lf",&a,&b,&c);
    if(a==0)
        if(b==0)
            printf("No answer due to input error!\n");
        else
            printf("The single root is %f\n",-c/b);
```

```
    else
    {
       d=b*b-4*a*c;
       if(d>0)
       {  temp=sqrt(d);
          printf("The real root:%f,%f\n",(-b+temp)/(2*a),(-b-temp)/(2*a));
       }
       else if(d==0)
           printf("One real root:%f\n",(-b)/(2*a));
       else
           printf("No real root\n");
    }
}
```

（5）运行程序。程序经过编译和链接后，在运行时输入"4 5 1"3 个数据，运行结果如图 3-5 所示。

图 3-5　实验 3 的 exp2.c 程序运行结果

**5. 进一步实验**

（1）给出 3 组测试用例，分别对应有两个实根、有一个实根和无实根 3 种情况，并给出运行结果。

（2）输入 a、b、c 后，若出现 a=0 或者 b²－4ac＜0，则重新输入 a、b、c 的值，程序需要如何修改？

### 3.2.3　乌龟旅行

**1. 实验内容**

有一只乌龟环球旅行。出发时它踌躇满志，第一秒四脚飞奔爬了 1m；随着体力和毅力的下降，它第二秒爬了 1/2m，第三秒爬了 1/3m，第四秒爬了 1/4m，以此类推。请问这只乌龟一小时能爬出多远。

**2. 实验要求**

（1）学习循环语句 for 语句的正确使用方法。
（2）先用 float 类型的数据计算距离，观察程序的运行结果。
（3）当把数据类型改为 double 类型时，程序的输出结果又如何？

**3. 设计分析**

这里要计算的是无穷和式 $\sum\limits_{n=1}^{\infty}\dfrac{1}{n}$ 的一段有限和。当 $n$ 的值从 1 变化到 3600 时，求和的结果即为距离。

**4. 操作指导**

（1）在菜单栏中选择 File→Close Workspaces 命令，关闭前一个程序的运行空间。

（2）在菜单栏中选择 File→New 命令，弹出 New 对话框。

（3）选择 Files 选项卡中的 C++ Source File，在 File 文本框中输入文件名 exp3，扩展名为".c"，在 Location 文本框中指定该项目保存的位置，或单击"浏览"按钮，选择文件夹路径"E:\C语言\实验3"。

（4）单击 OK 按钮后，集成开发环境自动打开源代码编辑窗口，这样就进入编程环境，可输入程序代码。

程序代码：

```
/*实验3-exp3.c*/
#include<stdio.h>
int main()
{
    long i;
    float x;
    x=0;
    for(i=1;i<3600;i++)
        x=x+1/(float)i;
    printf("x=%f\n",x);
    return 0;
}
```

图 3-6　实验 3 的 exp3.c 程序
运行结果

（5）运行程序。程序经过编译和链接后，在运行时输入 8.765772，运行结果如图 3-6 所示。

**5. 进一步实验**

（1）若求乌龟爬出 20m 需要多少时间，程序应该怎样修改？

分析：可以用循环语句计算，循环条件为距离 x<20，当退出循环后，循环的次数减 1 即为使用的时间。修改后的程序如下：

```
/*实验3-exp3.c改进*/
#include<stdio.h>
int main()
{
    long i,t;
    float x;
    x=0;
    for(i=1;i<3600;i++)
      x=x+1/(float)i;
    printf("x=%f\n",x);
    x=0;
```

```
for(t=1;x<20.0;t++)
{  x=x+1/(float)t;
   printf("x=%f,t=%d\n",x,t);  }      /* 观察距离和所有时间的中间结果 */
printf("t=%d\n",t-1);
return 0;
}
```

第二个 for 语句中的输出语句可以观察距离和所用时间的中间结果。程序这样修改后,会发现运行了很长时间仍没有结束。当 x=15.403683 时,随着时间 t 的不断变化,x 的值不再变化,试分析原因,这说明了什么?

(2) 若将上述程序中的数据类型由 float 类型改为 double 类型,程序运行结果如何?

(3) 通过比较 float 类型和 double 类型的结果,说明浮点数的误差问题。

# 练习题

## 一、单项选择题

1. 若要求在 if 后的一对小括号中表示 a 不等于 0 的关系,则能正确表示这一关系的表达式为(　　)。

    A. a<>0　　　　　　B. ! a　　　　　　C. a=0　　　　　　D. a

2. 能正确表示 a 和 b 同时为正或同时为负的逻辑表达式是(　　)。

    A. (a>=0||b>=0)&&(a<0||b<0)

    B. (a>=0&&b>=0)&&(a<0&&b<0)

    C. (a+b>0)&&(a+b<=0)

    D. a*b>0

3. 能正确表达字母 c 为大写字母的 C 语言表达式是(　　)。

    A. c>='A' and c<='Z'　　　　　　　　B. c>='A'||c<='Z'

    C. c>='A' or c<='Z'　　　　　　　　　D. c>='A'&&c<='Z'

4. 以下程序输出结果是(　　)。

```
main()
{  int a=2,b=3,j; j=(++a<=0)&&!(b--<=0);
   printf("%d,%d,%d\n",j,a,b);
}
```

    A. 0,2,3　　　　　B. 0,2,2　　　　　C. 0,3,2　　　　　D. 0,3,3

5. 设有以下程序:

```
main()
{  int x; scanf("%d",&x);
   if(--x<5) printf("%d\n",x);
   else printf("%d\n",++x);
}
```

程序运行后,如果从键盘上输入 6,则输出结果是( )。

    A. 3                  B. 4                  C. 5                  D. 6

6. 运行以下程序后,如果从键盘上输入 china♯并按回车键,则输出结果为( )。

```c
#include <stdio.h>
main()
{
    int v1=0,v2=0;
    char ch;
    while((ch=getchar())!='#')
        switch(ch)
        { case 'a':
          case 'h':
          case '0':v2++;
          default:v1++;
        }
    printf("%d,%d\n",v1,v2);
}
```

    A. 2,0             B. 5,0             C. 5,2             D. 2,5

7. 定义 int n=6;,则执行下面程序段的结果为( )。

```c
switch(++n){
    case 6:
        n+=2;
    case 7:
        n+=3;
    case 8:
        n+=4;
        break;
    case 9:
        n++;
}
printf("%d\n",n);
```

    A. 7                  B. 8                  C. 14                D. 10

8. 以下程序( )。

```c
main()
{ int a=0,b=0,c=0;
  if(a=b+c)
      printf("###\n");
  else
      printf("***\n");
}
```

　　A. 有语法错误,不能通过编译　　　　B. 可以编译,但不能通过链接

　　C. 输出∗∗∗　　　　　　　　　　　　D. 输出♯♯♯

9. 当 a＝2,b＝3,c＝6,d＝4 时,执行完下面一段程序后 x 的值是(　　　)。

```
if(a<b)
if(c<d) x=1;
else
    if(a<c)
        if(b<d) x=2;
        else x=3;
    else x=6;
else x=7;
```

　　A. 7　　　　　　　B. 2　　　　　　　C. 3　　　　　　　D. 6

10. 若 k 是 int 型变量,则下面的程序片段的输出结果是(　　　)。

```
int k=0;
k=--k;
if(k<=0) printf("####");
else printf("&&&&");
```

　　A. ♯♯♯♯　　　　　　　　　　　　　B. &&&&

　　C. ♯♯♯♯&&&&　　　　　　　　　　D. 有语法错误,无输出结果

## 二、写出程序的运行结果

1.

```
#include <stdio.h>
int main(void)
{
    int m,n,flag;
    printf("\nThe primers from 100 to 200 is:\n");
    for(n=101; n<=200; n+=2)          /* 仅测试 100~200 的奇数 */
    {
        flag=1;                       /* 设置标志 */
        for(m=2; m<=n/2; m++)
        {
            if(n%m==0)
            {
                flag=0;               /* 改变标志 */
                break;                /* 跳出内层循环结构 */
            }
        }
        if(flag==0)                   /* 判断标志 */
            continue;                 /* 跳过输出语句,进入下一次循环 */
```

```
        printf("%d,",n);
    }
    printf("\n");
    return 0;
}
```

2. 由第 1 题程序可知,判断素数的条件有 3 种情况,分别是哪些?

3.

```
#include "stdio.h"
int main()
{
    int year,sign;
    scanf("%d",&year);
    if(year%4==0)
        if(year%100==0)
        {
            if(year%400==0)
                sign=1;
            else
                sign=0;
        }
        else
            sign=1;
    else
        sign=0;
    if(sign)
        printf("%d is",year);
    else
        printf("%d is not",year);
    printf(" leap year!\n");
    return 0;
}
```

运行时输入 year=2000。

4. 由第 3 题程序可知,判断闰年的条件有两种情况,分别是什么?

# 第4章 循 环 结 构

**实验目的**

- 熟练使用 while 语句构造循环结构。
- 熟练使用 do-while 语句构造循环结构。
- 熟练使用 for 语句构造循环结构。
- 使用各种循环结构构成嵌套的循环,熟知嵌套循环的执行过程。
- 掌握 break 和 continue 语句的使用。

## 4.1 循环结构基本知识提要

循环结构是结构化程序设计的 3 种基本结构之一,在程序设计中对于那些需要重复执行的操作应该采用循环结构来完成,利用循环结构处理各类重复操作既简单又方便。

### 4.1.1 while 循环结构

#### 1. while 循环结构的形式

格式:

```
while(表达式)  循环体;
```

语义:如果表达式的结果为真, 执行循环体;如果(表达式)的结果为假,则退出循环。

【例 4-1】 一个循环程序段的输出结果。

```
i=0;
while(i<10){  printf("#"); i++;  }
```

该程序段将重复执行输出语句 printf,输出 10 个♯符号。

说明:

(1) while 是 C 语言的关键字。

(2) while 后一对小括号中的表达式可以是 C 语言中任意合法的表达式,但不能为空,由它来控制循环体是否执行。

(3) 在语法上,循环体只能是一条可执行语句。若循环内有多个语句,应该使用复合语句。

#### 2. while 循环的执行过程

(1) 计算 while 后小括号中表达式的值,其值为非 0 时,执行步骤(2);其值为 0 时,执行步骤(4)。

(2) 执行循环体 1 次。

(3) 转去执行步骤(1)。

(4) 退出 while 循环。

由以上执行过程可知,while 后的小括号中表达式的值决定了循环是否将被执行。如果 while 后的表达式的值一开始就为 0,则 while 语句的循环体一次都不执行;while 后的表达式的值为非 0 时,其后的循环体语句重复执行。因此,在设计循环时,通常应在循环体内改变循环条件(即改变循环变量的值),使作为循环条件的表达式的值最终变为 0,以便结束循环。

当循环体需要无限执行时,表达式的值可以设为恒值 1(称为永真条件),但此时必须在循环体内设置带有条件的非正常出口(如使用 break 语句)。

while 语句一般用于事先并不知道循环次数的循环,例如,通过控制精度等进行的计算一般可用 while 循环来实现。

### 4.1.2 do-while 循环结构

**1. do-while 循环结构的形式**

格式:

```
do
    循环体
while(表达式);
```

语义:先执行循环体,再计算表达式的值。如果表达式的值为非 0,继续执行循环体;如果表达式的值为 0,则退出循环。

**【例 4-2】** 计算 $1+2+\cdots+9$ 的累加和。

```
int i=0,s=0;
do
{  i++; s+=i;  }
while(i<10);
printf("%\n",s);
```

该程序段将重复执行复合语句{i++; s+=i;},退出循环后,输出 45。

说明:

(1) do 必须与 while 联合使用。

(2) do-while 循环由 do 开始,至 while 结束。注意 while(表达式)后的分号";"不可漏掉,它表示 do-while 语句的结束。

(3) while 后一对小括号中的表达式可以是 C 语言中任意合法的表达式,由它来控制循环体是否执行。

(4) 在语法上,do-while 之间的循环体只能是一条可执行语句。若循环内有多个语句,应该使用复合语句。

(5) 和 while 一样,在 do-while 循环体中,一定要有能使 while 后面的表达式的值变为 0 的操作,否则循环会一直执行,除非循环体内设置了带有条件的非正常出口。

(6) do-while 循环与 while 循环一样,可用于事先并不知道循环次数的循环。

### 2. do-while 循环的执行过程

(1) 执行 do 后面的循环体。

(2) 计算表达式的值。当值为非 0 时,转去执行步骤(1);当值为 0 时,执行步骤(3)。

(3) 退出 do-while 循环。

### 3. do-while 循环与 while 循环的区别

while 循环的控制出现在循环体之前,只有当 while 后的表达式的值为非 0 时,才会执行循环体,因此循环体可能一次都不执行;而在 do-while 循环中,是先执行一次循环体,再求循环条件表达式的值。因此,无论条件表达式的值是否为 0,循环体至少要执行一次。

## 4.1.3 for 循环结构

### 1. for 循环结构的形式

格式:

for(表达式 1;表达式 2;表达式 3) 循环体;

语义:计算表达式 1 的值,再计算表达式 2 的值,表达式 2 的值非 0 时,执行循环体,然后计算表达式 3 的值……重复执行这一过程,直到表达式 2 的值为 0 时退出循环。

说明:

(1) for 是 C 语言的关键字,其后的一对小括号中通常有 3 个表达式,各表达式之间用分号隔开。这 3 个表达式主要用于循环的控制。其后的循环体在语法上要求是一条语句,如果在循环体内需要多条语句,则应使用复合语句。

(2) for 语句中的表达式可以部分或全部省略,但两个分号不能省略。3 个表达式都省略时,循环一直执行下去,形成死循环。

(3) for 后一对小括号中的表达式可以是任意有效的 C 语言表达式。

(4) for 语句书写形式灵活,在 for 后小括号内允许出现各种形式的与循环控制无关的表达式,但会降低程序的可读性,不建议初学者使用。

(5) for 语句通常用于事先知道循环次数的情况。

### 2. for 循环的执行过程

(1) 计算表达式 1 的值。

(2) 计算表达式 2 的值。若其值为非 0,转步骤(3);若其值为 0,转步骤(5)。

（3）执行一次 for 循环体。

（4）计算表达式 3 的值,转向步骤(2)。

（5）循环结束。

【例 4-3】 当 n＝0,1,2,…,20 时,输出 $2^n$ 和 $2^{-n}$ 的值。

利用 for 循环实现如下:

```c
#include <stdio.h>
int main()
{   long int p;
    int n;
    double q;
    printf("---------------------------------------------------- \n");
    printf(" 2 to power n              2         2 to power -n\n " );
    printf("---------------------------------------------------- \n");
    p=1;
    for(n=0;n<21;++n)
    {   if(n==0) p=1;
        else p=p*2;
        q=1.0/(double) p;
        printf("%-10ld     %-10d  %20.12lf\n",p,n,q);
    }
    printf("---------------------------------------------------- \n");
    return 0;
}
```

运行程序,输出结果如下:

```
----------------------------------------------------
2 to power n            n            2 to power -n
----------------------------------------------------
1                       0            1.000000000000
2                       1            0.500000000000
4                       2            0.250000000000
8                       3            0.125000000000
16                      4            0.062500000000
32                      5            0.031250000000
64                      6            0.015625000000
128                     7            0.007812500000
256                     8            0.003906250000
512                     9            0.001953125000
1024                    10           0.000976562500
2048                    11           0.000488281250
4096                    12           0.000244140625
```

| | | |
|---|---|---|
| 8192 | 13 | 0.000122070313 |
| 16384 | 14 | 0.000061035156 |
| 32768 | 15 | 0.000030517578 |
| 65536 | 16 | 0.000015258789 |
| 131072 | 17 | 0.000007629395 |
| 262144 | 18 | 0.000003814697 |
| 524288 | 19 | 0.000001907349 |
| 1048576 | 20 | 0.000000953674 |

------------------------------------------------------------

## 4.1.4 循环结构的嵌套与优化

在一个循环体内又完整地包含了另一个循环,称为循环嵌套。while、do-while、for 这 3 种类型的循环可以相互嵌套,循环可以多层嵌套,但每一层循环在逻辑上必须是完整的。一般情况下,循环嵌套不要超过 8 层,否则影响程序的可读性。

执行多层循环时,对外层循环变量的每一个值,内层循环的循环变量都要从初值变换到终值。每执行一次外循环,内层的循环就要完整地执行一遍。

例如,以下都是合法的循环嵌套形式:

```
1.                      2.                       3.
   while ()                for ( ; ; )              do
   {                       {                        {
       ...                     ...                      ...
       while ()                while ()                 for ( ; ; )
          {...}                   {...}                    {...}
       ...                     ...                      ...
   }                       }                        }while();
```

【例 4-4】 找出 2~100 的所有素数。

用二重循环实现,外循环控制数据范围为 2~100,内循环判断其中的每一个数是否为素数。

程序代码:

```
#include <stdio.h>
#include <math.h>
int main()
{   int n,k,tag;
    printf("2");                      /* 2 是素数 */
    for(n=3;n<=100;n+=2)
    {   tag=0;
        for(k=2; tag==0&&k<sqrt(n); k++)
        if(n%k==0) tag=1;
        if(tag==0) printf("%d,", n);
```

```
    }
    return 0;
}
```

运行该程序，输出结果如下：

2,3,5,7,11,13,17,19,23,29,31,37,41,43,47,53,59,61,67,71,73,83,89,97,

### 4.1.5 break 和 continue 语句

为了使循环控制更加灵活，C 语言允许在特定条件下使用 break 语句和 continue 语句来控制循环的执行过程。

**1. break 语句**

在关键字 break 后面加上分号就构成 break 语句。break 语句只能用于循环语句和 switch 语句中，它使流程跳出所在的那一层循环语句或者 switch 语句。

**2. continue 语句**

在关键字 continue 后面加上分号就构成 continue 语句。continue 语句只能用于循环语句中，其作用是跳过本次循环尚未执行的语句，立即进行下一次循环。continue 语句出现在不同的循环语句中时，作用不完全一样。

（1）若执行 while 或 do-while 循环中的 continue 语句，则跳过循环体中 continue 语句后面的语句，直接转去判断下一次循环条件。

（2）若 continue 语句出现在 for 循环中，则执行 continue 语句就是跳过循环体中 continue 语句后面的语句，转而计算 for 语句的表达式 3。

**3. continue 语句与 break 语句的区别**

（1）break 可以用于 switch 语句中，而 continue 不能用于 switch 语句中。

（2）break 终止本层循环，在嵌套的循环语句中，break 从最近的循环体内跳出，但不能同时跳出多层循环。而 continue 仅终止执行本层循环中的本次循环。

## 4.2　经典算法

### 4.2.1　穷举法

穷举法又称为枚举法，它是在计算机算法设计中用得最多的一种编程思想。其实现方式是：在已知答案范围的情况下，依次枚举该范围内所有的取值，并对每个取值进行考查，确定其是否满足条件。经过循环遍历之后，筛选出符合要求的结果。

这种方法充分利用了计算机运算速度快的特点，思路简单直接。如果遇到了如下 3

种情况,优先考虑使用穷举法。

(1)答案的范围已知。虽然事先并不知道确切的结果,但能预计到结果会落在哪个取值范围内。例如,求 2～100 所有的素数:无论结果如何,都在 2～100 这个范围之内。仔细分析,将会发现许多题目的结果范围都是已知的,都可以使用穷举法来实现。

(2)答案是离散的,不是连续的。如果要求出 1～2 的所有小数,就无法用穷举法来实现,因为其结果是无限的。

(3)对时间上的要求不严格。如果用穷举法则耗时过长时,就不宜采用穷举法。

【例 4-5】 用一元人民币兑换 5 分、2 分和 1 分的硬币(每一种硬币都要有)共 40 枚,共有几种兑换方案? 每种方案各换多少枚?

分析:设 5 分、2 分和 1 分的硬币各换 $x$、$y$、$z$ 枚,据题意有两个方程:$x+y+z=40$,$5x+2y+z=100$。由于每一种硬币都要有,因此每种硬币最少为 1 枚。5 分硬币最多可换 20 枚,2 分硬币最多可换 50 枚,1 分硬币可换 $100-x-y$ 枚,$x$、$y$、$z$ 只须满足第二个方程即可打印,对每一组满足条件的 $x$、$y$、$z$ 值,用计数器计数,即可得到兑换方案的种数。

程序代码:

```
#include <stdio.h>
void main()
{
    int x,y,z,count=0;
    printf("5分\t2分\t1分\n");
    for(x=1; x<=20; x++)
        for(y=1; y<=50; y++)
            for(z=1;z<=98;z++)
                if(x+y+z==40&&5*x+2*y+z*1==100)
                {
                    count++;
                    printf("%d\t%d\t%d\n",x,y,z);
                }
    printf("count=%d\n",count);
}
```

运行该程序,得到输出结果:

| 5分 | 2分 | 1分 |
| --- | --- | --- |
| 7 | 32 | 1 |
| 8 | 28 | 4 |
| 9 | 24 | 7 |
| 10 | 20 | 10 |
| 11 | 16 | 13 |
| 12 | 12 | 16 |
| 13 | 8 | 19 |
| 14 | 4 | 22 |

count=8

### 4.2.2 迭代法

迭代法也称辗转法,是一种不断用变量的旧值递推新值的过程。迭代法利用计算机运算速度快、适合做重复性操作的特点,让计算机对一组指令(或一定步骤)进行重复执行,在每次执行这组指令(或这些步骤)时,都从变量的原值推出它的一个新值。典型的迭代法有二分法和牛顿迭代法。利用迭代法解决问题的步骤如下:

(1)确定迭代变量。在可以用迭代算法解决的问题中,至少存在一个直接或间接地不断由旧值递推出新值的变量,这个变量就是迭代变量。

(2)建立迭代关系式。迭代关系式是从变量的前一个值推出其下一个值的公式(或关系)。迭代关系式的建立是解决迭代问题的关键,通常可以用顺推或倒推的方法来完成。

(3)对迭代过程进行控制。迭代过程的控制通常可分为两种情况:一种是所需的迭代次数是确定的值,可以计算出来;另一种是所需的迭代次数无法确定。对于前一种情况,可以构建一个固定次数的循环来实现对迭代过程的控制;对于后一种情况,则需要进一步分析出用来结束迭代过程的条件。

【例 4-6】 月月兔问题:有一对兔子,从出生后第 3 个月起每个月都生一对兔子。小兔子长到第 3 个月后每个月又生一对兔子。假设所有兔子都不死,问每个月的兔子总数为多少?

经分析,可以确定兔子对数的递增规律是从第三个月起每月的兔子总对数为前两个月的兔子对数之和,因此解决该问题的步骤如下:

(1)设迭代变量 f1、f2。

(2)建立迭代关系:f1＝f1＋f2,f2＝f2＋f1。

(3)控制迭代过程。例如重复执行 20 次迭代过程,求出 40 个月内每月的兔子总对数。每一次迭代中,都在循环体中输出该月的兔子总对数。

程序代码:

```c
#include <stdio.h>
int main()
{   int f1=1,f2=1;
    int i;
    for(i=1; i<=20; i++)
    {   printf("%-12d %-12d ",f1,f2);
        if(i%2==0) printf("\n");
        f1=f1+f2;
        f2=f2+f1;
    }
    return 0;
}
```

运行该程序,得到以下输出结果:

| | | | |
|---|---|---|---|
| 1 | 1 | 2 | 3 |
| 5 | 8 | 13 | 21 |
| 34 | 55 | 89 | 144 |
| 233 | 377 | 610 | 987 |
| 1597 | 2584 | 4181 | 6765 |
| 10946 | 17711 | 28657 | 46368 |
| 75025 | 121393 | 196418 | 317811 |
| 514229 | 832040 | 1346269 | 2178309 |
| 3524578 | 5702887 | 9227469 | 14930352 |
| 24157817 | 39088169 | 63245986 | 102334155 |

## 4.3 实验 4：循环结构

本实验 4 学时。

### 4.3.1 棋盘上的魔数

**1. 实验内容**

相传国际象棋是古印度舍罕王的宰相达依尔发明的。舍罕王十分喜欢象棋，决定让宰相自己选择何种赏赐。这位聪明的宰相指着 $8 \times 8$ 共 64 格的象棋盘说："陛下，请您赏给我一些麦子吧，就在棋盘的第 1 格放 1 粒，第 2 格放 2 粒，第 3 格放 4 粒，以后每一格都比前一格增加一倍，依此放完棋盘上的 64 个格子，我就感恩不尽了。"舍罕王让人扛来一袋麦子，他要兑现他的许诺。国王能兑现他的许诺吗？舍罕王共要用多少麦子赏赐他的宰相？这些麦子合多少立方米？已知 1 立方米麦子约 $1.42 \times 10^8$ 粒。

**2. 实验要求**

（1）输入事先已编好的程序，并运行该程序。分析运行结果是否正确。
（2）所求麦子数用指数形式表示。

**3. 设计分析**

国际象棋共有 64 个格子，各格放的麦粒数量分别为 $1, 2, 4, \cdots, 2^{63}$，先求出麦子总粒数：$2^0 + 2^1 + \cdots + 2^{63}$，再除以每立方米的麦子粒数，即求得这些麦子的体积。每立方米麦子的粒数可以定义为符号常量。

本例中循环次数是确定的，使用 for 循环最简单。

**4. 操作指导**

（1）在 E 盘文件夹"C 语言"下创建文件夹"实验 4"，用于存放本章创建的所有程序项目。

（2）启动 VC++ 6.0，进入集成开发环境，在菜单栏中选择 File→New 命令，弹出 New 对话框。

（3）选择 Files 选项卡中的 C++ Source File，在 File 文本框中输入文件名 exp1，扩展名为".c"，在 Location 文本框中指定该项目保存的位置，也可以单击"浏览"按钮，选择文件夹路径"E:\ C 语言\实验 4"。

（4）单击 OK 按钮后，集成开发环境自动打开源代码编辑窗口，这样就进入编程环境，可输入程序代码。

程序代码：

```
/*实验 4-exp1.c*/
#define CONST 1.42e8          /*定义符号常量 CONST 值为 1.42e8*/
#include <stdio.h>
int main()
{
    int n;
    double term=1,sum=1;       /*累乘求积、累加求和变量赋初值*/
    for(n=2; n<=64; n++)
    {
        term=term*2;           /*根据后一格的麦子粒数总是前一格的 2 倍计算累加项*/
        sum=sum+term;          /*累加运算*/
    }
    printf("sum=%e 粒麦子\n",sum);                /*打印麦子的总粒数*/
    printf("volume=%e 立方米麦子\n",sum/CONST);    /*打印麦子的体积*/
    return 0;
}
```

（5）运行程序。程序经过编译和链接后，运行结果如图 4-1 所示。

图 4-1  实验 4 的 exp1.c 程序运行结果

这些麦子的体积是多少呢？大约是 1300 亿立方米，这么多的麦子，全世界大约要两千年才能生产出来。如果造一个高 4m、宽 10m 的仓库来放这些麦子，那么仓库能够从地球排到太阳，再从太阳折回来。

当完成本实验程序后，注意在菜单栏中选择 File→Close Workspaces 命令，关闭前一个程序的运行空间，然后再进行后续各实验的操作。

**5. 进一步练习**

（1）如果不用倍乘方式计算各格的累加项，而是采用指数形式，即 power(2,n−1)，请修改该程序，得出正确的输出结果。

（2）请分别用 while 语句和 do-while 语句编写本例中求麦子粒数的程序。

### 4.3.2 猴子吃桃

**1. 实验内容**

一只猴子第 1 天摘了若干桃子,当即吃了一半,还不过瘾,又多吃了一个。第 2 天又将剩下的桃子吃掉一半,又多吃了一个。以后每天都吃掉前一天剩下的一半再多 1 个,到第 10 天想再吃的时候,发现只剩下 1 个桃子了。求第 1 天共摘下多少个桃子。

**2. 实验要求**

输入事先已编好的程序,并运行该程序。分析运行结果是否正确。

**3. 设计分析**

每天的桃子数为当天吃掉的加上剩下的。设每天的桃子数为 $x_1$,剩下的桃子数为 $x_2$,则有 $x_1 = x_1/2 + 1 + x_2 \Rightarrow x_1 = 2(x_2 + 1)$,已知第 10 天剩下的桃子数为 1,如此递推循环 9 次即可求得第一天的桃子数。

**4. 操作指导**

（1）在菜单栏中选择 File→Close Workspaces 命令,关闭前一个程序的运行空间。

（2）启动 VC++ 6.0,进入集成开发环境,在菜单栏中选择 File→New 命令,弹出 New 对话框。

（3）选择 Files 选项卡中的 C++ Source File,在 File 文本框中输入文件名 exp2,扩展名为“. c”,在 Location 文本框中指定该项目保存的位置,也可以单击“浏览”按钮,选择文件夹路径“E:\C 语言\实验 4”。

（4）单击 OK 按钮后,集成开发环境自动打开源代码编辑窗口,这样就进入编程环境,可输入程序代码。

程序代码:

```
/ * 实验 4-exp2.c * /
#include <stdio.h>
void main()
{   int day,x1,x2;
    day=9;x2=1;
    while(day>0)
    {   x1=(x2+1) * 2;
        x2=x1;
        day--;
    }
    printf("total=%d\n",x1);
}
```

（5）运行程序。程序经过编译和链接后，运行结果如图 4-2 所示。

**5. 进一步练习**

（1）改用 for 语句实现本例编程。

（2）如果该猴子每天吃了前一天剩下的一半桃子后，再多吃两个，到第 10 天想再吃的时候，只剩下 1 个桃子。求第 1 天共摘下多少个桃子。

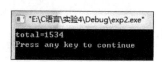

图 4-2　实验 4 的 exp2.c 程序运行结果

## 4.3.3　韩信点兵

**1. 实验内容**

韩信有一队士兵，他想知道有多少人，便让士兵排队报数：按从 1 至 5 报数，最末一个士兵报的数为 1；按从 1 至 6 报数，最末一个士兵报的数为 5；按从 1 至 7 报数，最末一个士兵报的数为 4；最后再按从 1 至 11 报数，最末一个士兵报的数为 10。你知道至少有多少士兵吗？

**2. 实验要求**

输入事先已编好的程序，并运行该程序。分析运行结果是否正确。

**3. 设计分析**

本例采用穷举法，从 1 开始，找到首次满足条件 x%5==1&&x%6==5&&x%7==4&&x%11==10 的 x，即为所求。对于此类循环结束条件未知的问题，可以单独设一个循环控制变量 find，初值置为 0，找到符合条件的数时，该控制变量置为 1，并退出循环。

**4. 操作指导**

（1）在菜单栏中选择 File→Close Workspaces 命令，关闭前一个程序的运行空间。

（2）启动 VC++ 6.0，进入集成开发环境，在菜单栏中选择 File→New 命令，弹出 New 对话框。

（3）选择 Files 选项卡中的 C++ Source File，在 File 文本框中输入文件名 exp3，扩展名为".c"，在 Location 文本框中指定该项目保存的位置，也可以单击"浏览"按钮，选择文件夹路径"E:\C 语言\实验 4"。

（4）单击 OK 按钮后，集成开发环境自动打开源代码编辑窗口，这样就进入编程环境，可输入程序代码。

程序代码：

```
/*实验 4-exp3.c*/
#include <stdio.h>
```

```
void main()
{
    int x=1;
    int find=0;                    /* 设置找到标志为假 */
    while(!find)
    {   if(x%5==1&&x%6==5&&x%7==4&&x%11==10)
        {   find=1; continue; }
        x++;
    }
    printf("x=%d\n",x);
}
```

（5）运行程序。程序经过编译和链接后,运行结果如图 4-3 所示。

**5. 进一步练习**

题目改为求 10 000 以内满足韩信点兵条件的数有哪些,请修改程序得出运行结果。

图 4-3　实验 4 的 exp3.c
程序运行结果

## 4.3.4　牛顿迭代法

**1. 实验内容**

用牛顿迭代法求方程 $2x^3 - 4x^2 + 3x - 6 = 0$ 在 1.5 附近的根,要求误差小于 $10^{-5}$。

**2. 实验要求**

输入事先已编好的程序,并运行该程序。分析运行结果是否正确。

**3. 设计分析**

设 $f(x) = 2x^3 - 4x^2 + 3x - 6 = 0$,设 $f_1$ 为该方程的导数,则 $f_1 = 6x^2 - 8x + 3$,由 $f_1 = (f(x_0) - 0)/(x_0 - x_1)$,可推导得 $x_1 = x_0 - f/f_1$。

**4. 操作指导**

（1）在菜单栏中选择 File→Close Workspaces 命令,关闭前一个程序的运行空间。

（2）启动 VC++ 6.0,进入集成开发环境,在菜单栏中选择 File→New 命令,弹出 New 对话框。

（3）选择 Files 选项卡中的 C++ Source File,在 File 文本框中输入文件名 exp4,扩展名为".c",在 Location 文本框中指定该项目保存的位置,也可以单击"浏览"按钮,选择文件夹路径"E:\C 语言\实验 4"。

（4）单击 OK 按钮后,集成开发环境自动打开源代码编辑窗口,这样就进入编程环境,可输入程序代码。

程序代码：

```
/* 实验 4-exp4.c */
#include <stdio.h>
#include <math.h>
int main()
{
    double x0,x1,f,f1;
    x1=1.5;
    do
    {   x0=x1;
        f=2*x0*x0*x0-4*x0*x0+3*x0-6;        /* 待求解的方程 */
        f1=6*x0*x0-8*x0+3;                   /* 方程的导数 */
        x1=x0-f/f1;
    } while(fabs(x0-x1)>=1e-5);
    printf("The root of equation is %5.2f\n",x1);  /* 表示方程的根 */
    return 0;
}
```

（5）运行程序。程序经过编译和链接后，运行结果如图 4-4 所示。

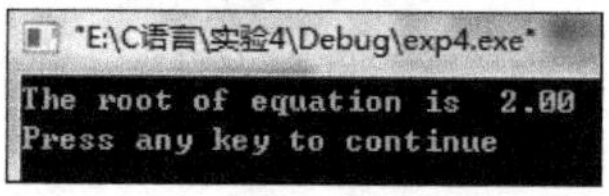

**5. 进一步练习**

请编程用牛顿迭代法求方程 $x^3 - 3x^2 + x - 3 = 0$ 在 2.0 附近的根，要求误差小于 $10^{-6}$。

```
"E:\C语言\实验4\Debug\exp4.exe"
The root of equation is 2.00
Press any key to continue
```

图 4-4　实验 4 的 exp4.c
程序运行结果

## 4.3.5　二分法

**1. 实验内容**

用二分法求方程 $2x^3 - 4x^2 + 3x - 6 = 0$ 在 $[-10, 10]$ 区间的根。

**2. 实验要求**

输入事先已编好的程序，并运行该程序。分析运行结果是否正确。

**3. 设计分析**

使用二分法，先指定一个区间 $[x1, x2]$。若 $f(x1)$、$f(x2)$ 同符号，则 $f(x) = 0$ 在区间 $[x1, x2]$ 没有实根，重新修改区间 $x1$、$x2$ 的值；若 $f(x1)$、$f(x2)$ 不同符号，则 $f(x) = 0$ 在区间 $[x1, x2]$ 必有一个且只有一个实根。当确定区间 $[x1, x2]$ 有实根后，采用二分法将该区间一分为二，再判断哪一个小区间有实根。如此不断进行下去，直到区间足够小。

**4. 操作指导**

（1）在菜单栏中选择 File→Close Workspaces 命令，关闭前一个程序的运行空间。

（2）启动 VC++ 6.0,进入集成开发环境,在菜单栏中选择 File→New 命令,弹出 New 对话框。

（3）选择 Files 选项卡中的 C++ Source File,在 File 文本框中输入文件名 exp5,扩展名为".c",在 Location 文本框中指定该项目保存的位置,也可以单击"浏览"按钮,选择文件夹路径"E:\C 语言\实验 4"。

（4）单击 OK 按钮后,集成开发环境自动打开源代码编辑窗口,这样就进入编程环境,可输入程序代码。

程序代码:

```c
/*实验 4-exp5.c*/
#include<stdio.h>
#include<math.h>
void main()
{ float x0,x1,x2,fx0,fx1,fx2;
  do
  { scanf("%f,%f",&x1,&x2);
    fx1=x1*((2*x1-4)*x1+3)-6;
    fx2=x2*((2*x2-4)*x2+3)-6;
  } while(fx1*fx2>0);
  do
  { x0=(x1+x2)/2;
    fx0=x0*((2*x0-4)*x0+3)-6;
    if((fx0*fx1)<0)
    { x2=x0;fx2=fx0; }
    else
    { x1=x0;fx1=fx0; }
  } while(fabs(fx0)>=1e-5);
  printf("x=%6.2f\n",x0);
}
```

（5）运行程序。程序经过编译和链接后,输入区间的两个端点值－10 和 10,运行结果如图 4-5 所示。

图 4-5　实验 4 的 exp5.c
程序运行结果

**5. 进一步练习**

用二分法求方程 $x^3-3x^2+x-3=0$ 在区间 $[-5,5]$ 的根,要求误差小于 $10^{-6}$。

## 4.3.6　百钱买百鸡

**1. 实验内容**

我国古代的《张丘建算经》中有这样一道著名的百鸡问题:"鸡翁一,值钱五;鸡母一,值钱三;鸡雏三,值钱一。百钱买百鸡,问鸡翁、母、雏各几何?"意为:公鸡每只 5 元,母鸡每只 3 元,小鸡 3 只 1 元。用 100 元买 100 只鸡,公鸡、母鸡和小鸡各能买多少只?

**2. 实验要求**

输入事先已编好的程序,并运行该程序。分析运行结果是否正确。

**3. 设计分析**

本例采用穷举法,设买 $x$ 只公鸡、$y$ 只母鸡、$z$ 只小鸡,同时满足钱的数量和鸡的数量的要求,即同时使 $x+y+z=100$ 和 $5x+3y+z/3=100$ 成立时即为所求。

**4. 操作指导**

(1) 在菜单栏中选择 File→Close Workspaces 命令,关闭前一个程序的运行空间。

(2) 启动 VC++ 6.0 集成开发环境,在菜单栏中选择 File→New 命令,弹出 New 对话框。

(3) 选择 Files 选项卡中的 C++ Source File,在 File 文本框中输入文件名 exp6,扩展名为". c",在 Location 文本框中指定该项目保存的位置,也可以单击"浏览"按钮,选择文件夹路径"E:\ C 语言\实验 4"。

(4) 单击 OK 按钮后,集成开发环境自动打开源代码编辑窗口,这样就进入编程环境,可输入程序代码。

程序代码:

```c
/*实验 4-exp6.c*/
#include <stdio.h>
void main()
{   int x,y,z;
    for(x=0; x<=20; x++)
    { for(y=0; y<=33; y++)
        {   z=100-x-y;
            if(5*x+3*y+z/3.0==100)
            printf("x=%d,y=%d,z=%d\n",x,y,z);
        }
    }
}
```

(5) 运行程序。程序经过编译和链接后,运行结果如图 4-6 所示。

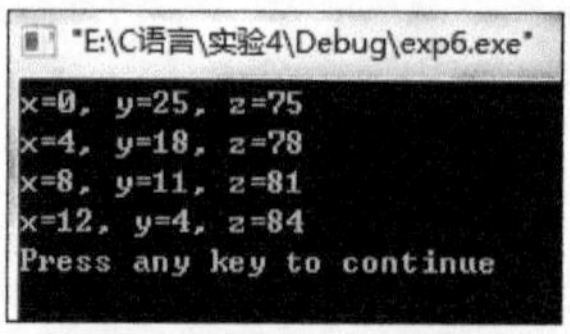

图 4-6 实验 4 的 exp6.c 程序运行结果

**5.进一步练习**

将题目改为求百钱买百鸡共有几种方案,请修改程序实现之。

# 练习题

## 一、单项选择题

1. 以下 for 循环语句(      )。

```
for(;;) printf("$");
```

  A. 判断循环结束的条件不合法     B. 执行无限次
  C. 一次也不执行         D. 只执行一次

2. 在 while(x)语句中的 x 与下面条件表达式中的(      )等价。
  A. x==0    B. x==1    C. x!=1    D. x!=0

3. 以下 while 循环的执行次数是(      )。

```
int   i=0;
while(i==1) {i++;}
```

  A. 0 次    B. 1 次    C. 2 次    D. 无数次

4. 执行以下程序代码后 c 的值是(      )。

```
int a=0,c=0;
do
{  --c;
   a=a-1;
} while(a>0);
```

  A. 0     B. 1     C. -1    D. 不确定

5. 若 i 为整型变量,则以下循环的执行次数是(      )。

```
for(i=2;i!=0;) printf("d%",i--);
```

  A. 0 次    B. 1 次    C. 2 次    D. 无限次

6. 设有以下程序段:

```
int k=10;
while(k==0) k=k-1;
```

则下面正确的描述是(      )。

  A. 循环执行 10 次       B. 循环执行无限次
  C. 循环执行一次       D. 循环一次也不执行

7. 以下 for 循环的执行次数是(      )。

```
for(x=0,y=0;(y!=123)&&(x<4); x++);
```

A. 3 次        B. 无限次        C. 4 次        D. 不确定

8. 以下程序的输出结果是(    )。

```
int i,j,m=0;
for(i=1; i<=15;i+=4)
    for(j=3;j<=19; j+=4)
        m++;
printf("%d\n",m);
```

A. 12        B. 15        C. 20        D. 25

9. 以下程序段的执行结果是(    )。

```
x=y=0;
while(x<15) {   y++;x+=++y;   }
printf("%d,%d",y,x);
```

A. 20,7        B. 6,12        C. 20,8        D. 8,20

10. 以下程序的输出结果是(    )。

```
void main()
{
    int a,b;
    for(a=1,b=1; a<=100;a++)
    {
        if(b>=10) break;
        if(b%3==1){   b+=3; continue;   }
    }
    printf("%d\n",a);
}
```

A. 101        B. 6        C. 5        D. 4

## 二、写出程序的运行结果

1.

```
#include <stdio.h>
void main()
{   int y=10;
    do{y--;}
    while(--y);
    printf("%d\n",y--);
}
```

2.

```
#include <stdio.h>
void main()
```

```
{   int i;
    for(i=1; i+1; i++)
    {   if(i>4)
        {   printf("%d",i++); break;   }
    }
    printf("%d",i++);
}
```

3.

```
#include <stdio.h>
void main()
{
    int i=0,x=0;
    do
    {   if(i%5==0) x++;
        ++i;
    } while(i<20);
    printf("%d\n",x);
}
```

4.

```
#include <stdio.h>
void main()
{   int x,y;
    for(x=1, y=1; x<=100;x++)
    {   if(y>=20) break;
        if(y%3==1)
        {   y+=3; continue;   }
        y-=5;
    }
    printf("%d\n",x);
}
```

5.

```
#include <stdio.h>
void main()
{
    int y=10;
    for(; y>0; y--)
    if(y%3==0)
    {   printf("%d", --y);
        continue;
    }
}
```

6.

```c
#include <stdio.h>
void main()
{   int i=0, a=0;
    while(i<20)
    {   for(;;)
        {   if(i%10==0) break;
            else i--;
        }
        i+=11; a+=i;
    }
    printf("%d\n",a);
}
```

# 第 5 章　数　　组

**实验目的**

- 掌握一维数组和二维数组的定义、赋值和输入输出的方法。
- 掌握应用一维数组的基本算法,实现对一维数组的置数、逆置、查找、排序等操作。
- 掌握应用二维数组的基本算法,了解其与矩阵的关系,实现对二维数组进行置数, 对每行每列或指定行列的元素进行处理。
- 掌握字符数组和字符串函数的使用。

## 5.1　数组基本知识提要

### 5.1.1　一维数组

#### 1. 一维数组的定义

一维数组是指每个元素只有一个下标的数组。在 C 语言中,定义一维数组的语句形式如下:

类型名　数组名 [整型常量表达式];

例如:

```
int a[10];
```

说明:

(1) a 为一维数组的数组名。

(2) a 数组含有 10 个元素,它们分别是 a[0],a[1],a[2],…,a[9]。

(3) a 数组中的每个元素都是整型,即每个元素中只能存放整型数据。

(4) 每个元素只有一个下标,C 语言规定每个数组第一个元素的下标为 0,这里 a 数组中最后一个元素的下标为 9,即该数组下标的上限为 9。

(5) C 编译程序为 a 数组在内存中开辟 10 个连续的存储单元,如图 5-1 所示。

| a[0] | a[1] | a[2] | a[3] | a[4] | a[5] | a[6] | a[7] | a[8] | a[9] |
|------|------|------|------|------|------|------|------|------|------|

图 5-1　数组 a 在内存中开辟的存储单元示意图

(6) 在一个数组定义语句中,可以有多个数组说明符,它们之间用逗号隔开。例如:

```
float x[10],y[15],z[20];
```

定义了名为 x、y、z 的 3 个实型数组。其中,x 数组中含有 10 个元素,x 数组的下标上限为

9；y 数组中含有 15 个元素，y 数组的下标上限为 14；z 数组中含有 20 个元素，z 数组的下标上限为 19。

（7）数组说明符和普通变量名也可同时出现在一个类型定义语句中。例如：

```
char c1,c2,str[80];
```

**注意**：数组说明符的一对中括号中只能是整型常量或整型常量表达式，不能是变量。上述定义语句还可以写成

```
char c1,c2,str[50+30];
```

### 2. 一维数组元素的引用

一维数组元素的引用形式为

数组名 [下标表达式]

例如，若有以下定义语句：

```
int a[10];
```

则 a[0]、a[i]、a[i+k] 都是对 a 数组中的元素的合法引用形式，其中 0、i、i+k 称为下标表达式。由于定义了数组 a 有 10 个元素，因此各下标表达式的值必须是整数，大于或等于 0，并且小于 10。

**注意**：

（1）一个数组元素实质上就是一个变量名，代表内存中的一个存储单元。一个数组占用一片连续的存储单元。

（2）C 语言中，数组名中存放的是一个地址常量，它代表整个数组的首地址。

（3）只能逐个引用各个数组元素，不能一次引用整个数组。例如上述定义的 a 数组，不能用数组名 a 代表 a[0] 到 a[9] 这 10 个元素。

（4）引用数组元素时，数组的下标可以是整型常量或整型表达式，下标的下限为 0。

（5）在 C 语言程序运行过程中，编译系统并不检查数组元素的下标是否越界，数组的上、下限均有可能越界，从而可能破坏其他存储单元中的数据或程序代码。因此，编写程序时需保证数组下标不能越界。

### 3. 一维数组初始化

定义数组时，系统为该数组在内存中开辟一片连续的存储单元，但这些存储单元中并没有确定的值。可以通过以下几种方式对数组元素赋初值：

（1）在定义数组时对数组元素赋初值。例如：

```
int a[10]={0,1,2,3,4,5,6,7,8,9};
```

所有元素的初值放在赋值号后的一对大括号中，数值的类型必须与数组定义中说明的类型一致，各元素的初值之间用逗号隔开。系统将按这些数值的排列顺序，从 a[0] 开始依次给个元素赋初值。上述语句就是将 a[0] 赋初值 0，将 a[1] 赋初值 1……将 a[9] 赋

初值 9。

在指定初值时,第一个值必定赋给下标为 0 的元素,然后依次赋值,不可能跳过前面的元素给后面的元素赋初值。当所赋初值少于数组的元素个数时,将自动给后面的元素赋初值 0;当所赋初值个数多于数组的元素个数时,编译时,系统将给出出错信息。例如:

```
int a[10]={0,1,2,3,4};
```

相当于

```
int a[10]={0,1,2,3,4,0,0,0,0,0};
```

(2) 对于字符型数组,也同样对未赋初值的元素赋初值 0,即'\0'(其 ASCII 码值为 0)。例如:

```
char c[5]={ '*' };
```

相当于

```
char c[5]={ '*','\0','\0','\0','\0' };
```

(3) 可以通过赋初值来定义数组的大小。例如:

```
int a[]={0,1,2,3,4,5,6,7,8,9};
```

赋值号后面的一对大括号内有 10 个数值,即隐含定义了 a 数组含有 10 个元素。

### 4. 一维数组应用举例

【例 5-1】 编写程序,定义一个含有 30 个元素的 int 类型数组,依次给数组元素赋值为 $1,3,5,\cdots$,然后分别以每行 10 个数输出,先顺序输出,再逆序输出。

本例展示了如何利用循环控制变量顺序或逆序逐个引用数组元素,以及在连续输出数组元素的过程中如何利用循环变量来进行换行控制。

程序代码:

```
#include <stdio.h>
#define M 30
main()
{  int s[M],i,k=1;
   for(i=0; i<M; i++)
   {  s[i]=k; k+=2;  }                   /* 给数组元数依次赋值为 1,3,5,… */
   printf("\n Sequence Output:\n");
   for(i=0; i<M; i++)                    /* 从前往后顺序输出各元素值 */
   {  printf("%4d",s[i]);
      if((i+1)%10==0) printf("\n");      /* 利用 i 控制换行符的输出 */
   }
   printf("\n Invert Output:\n");
   for(i=M-1; i>=0; i--)                 /* 从后往前逆序输出各元素值 */
```

```
        printf("%3d%c",s[i],(i%10==0?'\n':' '));
        /*利用条件表达式来决定输出换行符还是输出空格*/
    }
```

运行该程序,输出结果如下:

```
Sequence Output:
1    3    5    7    9    11   13   15   17   19
21   23   25   27   29   31   33   35   37   39
41   43   45   47   49   51   53   55   57   59
Invert Output:
59   57   55   53   51   49   47   45   43   41
39   37   35   33   31   29   27   25   23   21
19   17   15   13   11   9    7    5    3    1
```

**【例 5-2】** 已知某班 50 个学生的期末考试成绩分别为

| | | | | | | | | | | | | | | | | |
|---|---|---|---|---|---|---|---|---|---|---|---|---|---|---|---|---|
| 43 | 65 | 51 | 27 | 79 | 11 | 56 | 61 | 82 | 9 | 25 | 36 | 7 | 49 | 55 | 63 | 74 |
| 81 | 49 | 37 | 40 | 49 | 16 | 75 | 87 | 91 | 33 | 24 | 58 | 78 | 65 | 56 | 76 | 67 |
| 45 | 54 | 36 | 63 | 12 | 21 | 73 | 49 | 51 | 19 | 39 | 49 | 68 | 93 | 85 | 59 | |

编写程序,分别统计出成绩为 $0\sim9,10\sim19,20\sim29,\cdots,90\sim99,100$ 的学生人数。

程序代码:

```c
#include <stdio.h>
#define MAXVAL 50
#define COUNTER 11
void main()
{
    float value[MAXVAL];
    int i,low,high;
    int group[COUNTER]={0,0,0,0,0,0,0,0,0,0,0};
    for(i=0; i<MAXVAL; i++)
    {   scanf("%f",&value[i]);                    /*输入成绩*/
        ++group[(int)(value[i])/10];              /*对成绩分段处理*/
    }
    printf("\n");
    printf("GROUP         RANGE         FREQUENCY\n\n");
    for(i=0; i<COUNTER; i++)
    {
        low=i*10;
        if(i==10)
            high=100;
        else
            high=low+9;
        printf("%2d\t%3d\tto%3d\t%d\n",i+1,low,high,group[i]);
    }
}
```

程序的运行结果：

```
GROUP     RANGE                    FREQUENCY
1         0         to    9        2
2         10        to    19       4
3         20        to    29       4
4         30        to    39       5
5         40        to    49       8
6         50        to    59       8
7         60        to    69       7
8         70        to    79       6
9         80        to    89       4
10        90        to    99       2
11        100       to    100      0
```

## 5.1.2　二维数组

### 1. 二维数组的定义

当数组中每个元素带有两个下标时,称为二维数组。在逻辑上,也可以把二维数组看成是一个具有行和列的表格或矩阵。

在 C 语言中,二维数组中元素的排列顺序是按行存放。即在内存中先按顺序存放第一行的元素,再存放第二行的元素⋯⋯因此,二维数组元素的存放方式与一维数组类似,总是占用一块连续的存储单元。

二维数组的定义语句形式为

类型名　数组名[常量表达式 1][常量表达式 2];

例如:

int a[3][4];

int 是类型名,a[3][4]是二维数组说明符。从此定义语句可知:

(1) a 是一个具有 3 行 4 列的二维数组 a,注意不能写成 a[3,4]。

(2) a 数组中每个元素都是整型。

(3) a 数组中有 $3 \times 4 = 12$ 个元素,a 数组是一个具有如下形式的 3 行 4 列的矩阵或表格:

|        | 第 0 列 | 第 1 列 | 第 2 列 | 第 3 列 |
|--------|--------|--------|--------|--------|
| 第 0 行 | a[0][0] | a[0][1] | a[0][2] | a[0][3] |
| 第 1 行 | a[1][0] | a[1][1] | a[1][2] | a[1][3] |
| 第 2 行 | a[2][0] | a[2][1] | a[2][2] | a[2][3] |

每个元素有两个下标:第一个中括号中的下标表示行号,称为行下标;第二个中括号

中的下标表示列号,称为列下标。a数组的行下标下限为0,上限为2;列下标下限为0,上限为3。

a数组中的元素在内存中占一片连续的存储单元,其排列顺序为按行存放,即先存放第0行的元素,再存放第1行的元素,最后存放第2行的元素,如图5-2所示。

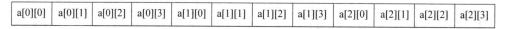

图5-2 二维数组a的元素在内存中的排列顺序示意图

在C语言中,可以把一个二维数组看成一个一维数组,只是该一维数组中的每个数组元素又是包含若干个元素的一维数组。例如,上述a数组可以看成是由a[0]、a[1]、a[2]这3个元素组成的一维数组,其中每个元素又是由4个整型元素组成的一维数组。

**2. 二维数组元素的引用**

引用二维数组元素必须给出两个下标,引用形式为

数组名[下标表达式1][下标表达式2]

例如,若有以下定义语句:

```
double x[3][4];
```

则x[0][1]、x[i][j]、x[i+k][j+k]都是合法的数组元素引用形式,只是每个下标表达式的值必须是整数,且不得超过数组定义中的上、下限。

**注意**:引用二维数组元素时,必须将两个下标分别放在两个中括号内。例如,引用上述x数组中的元素时,不可以写成x[0,1]、x[i,j]、x[i+k,j+k],这些都是不合法的。

**3. 二维数组的初始化**

二维数组的初始化赋值通常有以下几种形式:
(1) 所赋初始值个数与数组元素的个数相同。
可以在定义二维数组的同时给二维数组的各元素赋初值。例如:

```
int a[3][4]={{1,2,3,4},{5,6,7,8},{9,10,11,12}};
```

全部初值放在一对大括号中,每一行的初值又分别放在一对大括号中,大括号之间用逗号隔开。
(2) 每行所赋初值个数与数组元素的个数不同。
当某行一对大括号内的初值个数少于该行中元素的个数时。例如:

```
int a[3][4]={{1,2},{5},{9,10,11,12}};
```

系统自动将该行后面的元素赋初值0。这里a[0][2]、a[0][3]、a[1][1]、a[1][2]、a[1][3]这几个元素的初值均自动赋为0。
(3) 所赋初值行数少于数组行数。
当代表着给每行赋初值的大括号数少于数组的行数时。例如:

```
int a[3][4]={{1,2},{4,5}};
```

系统将自动给后面各行的元素赋初值 0。

（4）赋初值时省略大括号对。

给二维数组赋初值时也可以不用大括号对。例如：

```
int a[3][4]={1,2,4,5};
```

注意,此时所赋初值与情况(3)中所赋初值的结果完全不同。在这里是将 a 数组的第 0 行的 4 个元素依次赋值为 1、2、4、5,即 a[0][0]=1, a[0][1]=2, a[0][2]=4, a[0][3]=5, 而数组中的其他元素的初值都为 0。

（5）通过赋初值定义二维数组的大小。

对于一维数组,可以在数组定义语句中省略中括号中的常量表达式,通过所赋初值的个数来确定数组的大小;对于二维数组,则只可以省略第一个中括号中的常量表达式,而不能省略第二个中括号中的常量表达式。例如：

```
int a[][4]={{1,2,3,4},{5},{9}};
```

上述语句中,a 数组的第一维的中括号中的常量表达式省略了,在所赋初值中,含有 3 个大括号对,则第一维的大小由所赋初值的行数来决定。因此,它等同于

```
int a[3][4]={{1,2,3,4},{5},{9}};
```

如果用以下形式赋初值：

```
int b[][3]={1,2,3,4,5,9};
```

第一维的大小按以下规则确定：

（1）当初值的个数能被第二维的常量表达式的值整除时,所得的商就是第一维的大小。

（2）当初值的个数不能被第二维的常量表达式的值整除时,则第一维的大小为商 +1。

因此,按照此规则,上述 b 数组第一维的大小应该是 2,也就是以上语句等同于

```
int b[2][3]={1,2,3,4,5,9};
```

### 4. 二维数组应用举例

【例 5-3】　编程计算并输出 9×9 乘法表。

程序代码：

```
#include <stdio.h>
#define ROWS 9
#define COLUMNS 9
void main()
{   int row, column, product[ROWS][COLUMNS];
```

```
     int i,j;
     printf("      MULTIPLICATION   TABLE \n\n");
     printf("        ");
     for(j=1; j<=COLUMNS; j++)
     printf("%4d",j);                          /*打印表头*/
     printf(" \n");
     printf("------------------------------------------------ \n");
     for(i=0; i<ROWS; i++)
     {   row=i+1;
         printf("    %2d |   ",row);
         for(j=1; j<=COLUMNS; j++)
         {   column=j;
             product[i][j]=row*column;
             printf("%4d",product[i][j]);
         }
         printf("\n");
     }
}
```

程序运行结果如下：

```
       MULTIPLICATION    TABLE
       1   2   3   4   5   6   7   8   9
------------------------------------------------
1  |   1   2   3   4   5   6   7   8   9
2  |   2   4   6   8   10  12  14  16  18
3  |   3   6   9   12  15  18  21  24  27
4  |   4   8   12  16  20  24  28  32  36
5  |   5   10  15  20  25  30  35  40  45
6  |   6   12  18  24  30  36  42  48  54
7  |   7   14  21  28  35  42  49  56  63
8  |   8   16  24  32  40  46  56  64  72
9  |   9   18  27  36  45  54  63  72  81
```

### 5.1.3 字符串与字符数组

C 语言本身并没有设置一种类型来定义字符串变量,字符串的存储完全依赖于字符数组,但字符数组又不等同于字符串变量。

**1. C 语言对字符串的约定**

在 C 语言中,字符串是借助字符型一维数组来存放的,并规定以字符'\0'作为字符串结束标志。'\0'是一个转义字符,称为"空值",它的 ASCII 码值为 0。'\0'作为标志也要占用存储空间,但不计入串的实际长度。

## 2. C 语言对字符串常量的约定

虽然 C 语言中没有字符串数据类型,但允许使用字符串常量。字符串常量是由双引号括起来的一串字符,在表示字符串常量时,不需要人为在其末尾加入'\0',C 编译程序将自动在字符串的末尾加入字符'\0'。

## 3. C 语言中字符串常量给出的是地址值

每一个字符串常量都分别占用内存中一片连续的存储空间,这片连续的存储空间实际上就是字符型一维数组。这个数组没有名字,C 编译系统以字符串常量的形式给出存放每一字符串的存储空间首地址,不同的字符串具有不同的起始地址。也就是说,在 C 语言中,字符串常量被隐含处理成一个以'\0'结尾的无名字符型一维数组。

## 4. 字符数组与字符串的区别

字符串是字符数组的一种具体应用。字符数组的每个元素中可存放一个字符,但它并不限定最后一个字符应该是什么。而在 C 语言中,因为有关字符串的大量操作都与串结束标志'\0'有关,因此,在字符数组中的有效字符后加上'\0',就可以把一维字符数组看作字符串变量。

**注意**:仅可以在字符数组内存放字符串,不能通过赋值语句将字符串常量或其他字符数组中的字符串直接赋值给字符串变量。

【**例 5-4**】 编程实现以下功能:从终端输入一个字符串,将其复制到另一个字符数组中,并统计复制的字符个数。

程序代码:

```
#include <stdio.h>
#include <string.h>
void main()
{
    char string1[80],string2[80];
    int i;
    printf("Enter a string \n");
    scanf("%s",string1);
    for(i=0; string1[i] !='\0'; i++)
        string2[i]=string1[i];
    string2[i]='\0';
    printf("\n");
    printf("%s\n",string2);
    printf("Number of characters=%d\n",i);
}
```

运行程序,在键盘上输入 Appleissweet 后按回车键,输出

```
Number of characters=12
```

**【例 5-5】** 编程输出大小写 26 个字母及其对应的 ASCII 码值。
程序代码：

```c
#include <stdio.h>
void main()
{
    char c;
    int i=0;
    printf("\n\n");
    for(c=65; c<=122; c++)
    {
        if(c>90&&c<97)
            continue;
        if(i%8==0) printf("\n");
        {  printf("|%2c--%4d",c,c);i++;  }
    }
    printf ("|\n");
}
```

运行程序,得到如下输出结果：

```
|A--  65  |B--  66  |C--  67  |D--  68  |E--  69  |F--  70  |G--  71
|H--  72  |I--  73  |J--  74  |K--  75  |L--  76  |M--  77  |N--  78
|O--  79  |P--  80  |Q--  81  |R--  82  |S--  83  |T--  84  |U--  85
|V--  86  |W--  87  |X--  88  |Y--  89  |Z--  90  |a--  97  |b--  98
|c--  99  |d-- 100  |e-- 101  |f-- 102  |g-- 103  |h-- 104  |i-- 105
|j-- 106  |k-- 107  |l-- 108  |m-- 109  |n-- 110  |o-- 111  |p-- 112
|q-- 113  |r-- 114  |s-- 115  |t-- 116  |u-- 117  |v-- 118  |w-- 119
|x-- 120  |y-- 121  |z-- 122
```

# 5.2  排序与查找算法

## 5.2.1  排序算法

所谓排序,就是将一个任意顺序的数据元素序列重新排列成有序的序列。排序的算法有很多,对空间的要求及其时间效率也不尽相同。计算机程序设计中常用的排序方法有冒泡排序、选择排序、插入排序、快速排序、希尔排序、归并排序、基数排序等。其中,冒泡排序、选择排序、插入排序又被称作简单排序,它们对空间的要求不高,但是时间效率却不稳定;后面几种排序对空间的要求稍高一点,但时间效率能稳定在很高的水平。

### 1. 冒泡排序

冒泡排序算法基本思想是:对两个相邻的数比较大小,较大的数下沉或较小的数上升。冒泡排序算法的实现过程既可以采取从前向后两两比较的方式,也可以采取从后向前的两两比较方式来实现。

实现升序排列的冒泡排序方式一:

(1)比较相邻的两个数,如果第二个数小,就交换位置。

(2)从前向后两两比较,一直比较到最后两个数(较大的数沉下去),如图 5-3 所示。最终最大数被交换到最末位,这样整个序列中最大数的位置就排好了。继续重复上述过程,依次将序列剩余元素中的最大数排好位置。

|  | i=0 | i=1 | i=2 | i=3 | i=4 | i=5 | i=6 |
|---|---|---|---|---|---|---|---|
| 42 | 20 | 17 | 13 | 13 | 13 | 13 | 13 |
| 20 | 17 | 13 | 17 | 14 | 14 | 14 → | 14 |
| 17 | 13 | 20 | 14 | 17 | 15 → | 15 | 15 |
| 13 | 28 | 14 | 20 | 15 → | 17 | 17 | 17 |
| 28 | 14 | 23 | 15 → | 20 | 20 | 20 | 20 |
| 14 | 23 | 15 → | 23 | 23 | 23 | 23 | 23 |
| 23 | 15 → | 28 | 28 | 28 | 28 | 28 | 28 |
| 15 → | 42 | 42 | 42 | 42 | 42 | 42 | 42 |

图 5-3　从前向后比较的冒泡排序法:最大的数据沉下去

实现升序排列的冒泡排序方式二:

(1)比较相邻的两个数,如果第二个数小,就交换位置。

(2)从后向前两两比较,一直到比较最前两个数据(最小的数升上来),如图 5-4 所示。最终最小数被交换到起始的位置,这样整个序列中最小数的位置就排好了。继续重复上述过程,依次将序列剩余元素中的最小数排好位置。

|  | i=0 | i=1 | i=2 | i=3 | i=4 | i=5 | i=6 |
|---|---|---|---|---|---|---|---|
| 42 → | 13 | 13 | 13 | 13 | 13 | 13 | 13 |
| 20 | 42 → | 14 | 14 | 14 | 14 | 14 | 14 |
| 17 | 20 | 42 → | 15 | 15 | 15 | 15 | 15 |
| 13 | 17 | 20 | 42 → | 17 | 17 | 17 | 17 |
| 28 | 14 | 17 | 20 | 42 → | 20 | 20 | 20 |
| 14 | 28 | 15 | 17 | 20 | 42 → | 23 | 23 |
| 23 | 15 | 28 | 23 | 23 | 23 | 42 → | 28 |
| 15 | 23 | 23 | 28 | 28 | 28 | 28 | 42 |

图 5-4　从后往前进行比较的冒泡排序法:最小的数升起来

冒泡排序的平均时间复杂度是二次方级的,但冒泡排序是原地排序,它不需要额外的存储空间。

【例 5-6】 用冒泡排序法从前向后比较,实现由小到大排序。

程序代码:

```
#include <stdio.h>
#define N 8
int main()
{
    int a[N];
    int i,j,t;
    printf("\tInput 8 numbers:\n");
    for(i=0; i<N; i++)
        scanf("%d",&a[i]);
    printf("\n ");
    for(i=0; i<N-1; i++)                    /* 进行 N 次循环,实现 N 趟比较 */
        for(j=0; j<N-1-i; j++)              /* 每趟进行 N-1-i 次比较 */
            if(a[j]>a[j+1])
                {t=a[j]; a[j]=a[j+1]; a[j+1]=t;}        /* 比较相邻两个数 */
    printf("The sorted numbers: \n");
    for(i=0; i<N; i++)
        printf ("%4d", a[i]);
    printf("\n");
    return 0;
}
```

程序运行结果:

```
Input 8 numbers:
42  20  17  13  28  14  23  15
The sorted numbers:
13  14  15  17  20  23  28  42
```

若采用冒泡排序法从后向前比较,实现由小到大排序,只要将比较部分的代码段修改为

```
for(i=0; i<N-1; i++)
    for(j=N-1; j>i; j--)
        if(a[j]<a[j-1])
        {   t=a[j]; a[j]=a[j-1]; a[j-1]=t;   }
```

## 2. 选择排序

选择排序的基本思想是:在长度为 n 的无序数组中,第一次遍历 n−1 个数,找到最小的数值与第一个元素交换;第二次遍历 n−2 个数,找到最小的数值与第二个元素交

换;……如此进行下去,直到第 n−1 次遍历,找到最小的数值与第 n−1 个元素交换,排序
完成。选择排序法的实现过程如图 5-5 所示。

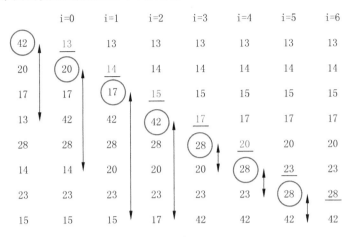

图 5-5  选择排序法实现过程

选择排序法的实现如下:

```
for(i=0; i<N-1; i++)
{  k=i;
   for(j=i+1; j<N; j++)
       if(a[j]<a[i]) k=j;
   t=a[k];
   a[k]=a[i];
   a[i]=t;
}
```

### 3. 插入排序

插入排序的基本思想是:在要排序的一个序列中,假定前 n−1 个数已经排好序,现
在将第 n 个数插入到前面的有序序列中,使得这 n 个数也是有序的。如此反复循环,直到
全部排好顺序。插入排序的实现过程如图 5-6 所示。

插入排序的平均时间复杂度为二次方级的,效率不高,但是容易实现。它采用“逐步
扩大成果”的思想,使有序序列的长度逐渐增加,直至其长度等于原序列的长度。

插入排序法实现代码如下:

```
for(i=0; i<N-1; i++)
    for(j=i+1; j>0; j--)
    {    if(a[j]<a[j-1])
        {  t=a[j-1]; a[j-1]=a[j]; a[j]=t;  }
        else
            break;
    }
```

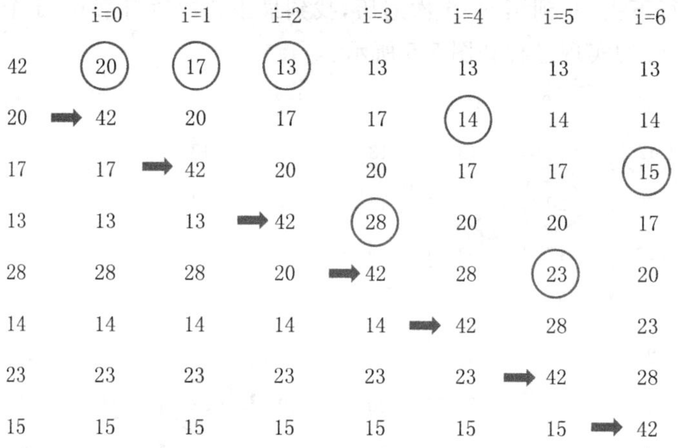

|  | i=0 | i=1 | i=2 | i=3 | i=4 | i=5 | i=6 |
|---|---|---|---|---|---|---|---|
| 42 | (20) | (17) | (13) | 13 | 13 | 13 | 13 |
| 20 | →42 | 20 | 17 | 17 | (14) | 14 | 14 |
| 17 | 17 | →42 | 20 | 20 | 17 | 17 | (15) |
| 13 | 13 | 13 | →42 | (28) | 20 | 20 | 17 |
| 28 | 28 | 28 | 20 | →42 | 28 | (23) | 20 |
| 14 | 14 | 14 | 14 | 14 | →42 | 28 | 23 |
| 23 | 23 | 23 | 23 | 23 | 23 | →42 | 28 |
| 15 | 15 | 15 | 15 | 15 | 15 | 15 | →42 |

图 5-6　插入排序法实现过程

## 5.2.2　查找算法

要实现查找,首先要用关键字标识各数据元素。查找时根据给定的某个数值,在序列中确定一个关键字值等于给定值的数据元素。查找算法主要有顺序查找和二分查找。

### 1. 顺序查找

顺序查找也称为线形查找,从序列(一维数组或线形表)的一端开始,顺序扫描,依次将扫描到的结点关键字与给定值 k 相比较。若相等,则表示查找成功;若扫描结束仍没有找到关键字值等于 k 的结点,则表示查找失败。

顺序查找的优点是简单,从序列的一端向另一端逐个比较,对元素的存储没有要求。顺序查找的缺点是:当 n 很大时,平均查找长度较大,效率低。

顺序查找算法描述如下:

```
int Search(int d,int a[],int n)
{   在数组 a[]中查找关键字等于 k 的元素,若找到,则函数返回 k 在数组中的位置,否则为 0。
    int i;                              /* 从后往前查找 */
    for(i=n-1;a!=d;--i)
        return i;                       /* 如果找不到,则 i 为 0 */
}
```

### 2.二分查找

二分查找也叫折半查找。二分查找要求序列(一维数组或线性表)中的元素按升序或降序排列。二分查找充分利用元素间的次序关系,采用分治策略完成搜索任务。

二分查找的基本思想是:在序列中,将 n 个元素分成个数大致相同的两半,取中间元素作为比较对象。若给定值 x 与中间元素相等,则查找成功;若给定值小于中间元素,则在中间元素的左半区继续查找;若给定值大于中间元素,则在中间元素的右半区继续查找。不断重复上述查找过程,直到查找成功,或所查找的区域已无元素,查找失败。

二分查找算法描述如下:

① 设置初始区间:low=1,high=length
② 若 low>high,返回查找失败信息
③ 若 low≤high,mid=(low+high)/2                    /*确定该区间的中点位置*/
　 a. 若 x<a[mid], high=mid-1,转②                  /*查找在右半区进行*/
　 b. 若 x>a[mid],low=mid+1,转②                    /*查找在右半区进行*/
　 c. 若 x=a[mid],返回数据元素在表中位置             /*查找成功*/

**【例5-7】** 一维数组升序排列为{7,14,18,21,23,29,31,35,38,42,46,49,52},现要在数组中搜索是否有等于 14 的数据元素。

二分查找过程如图 5-7 所示。

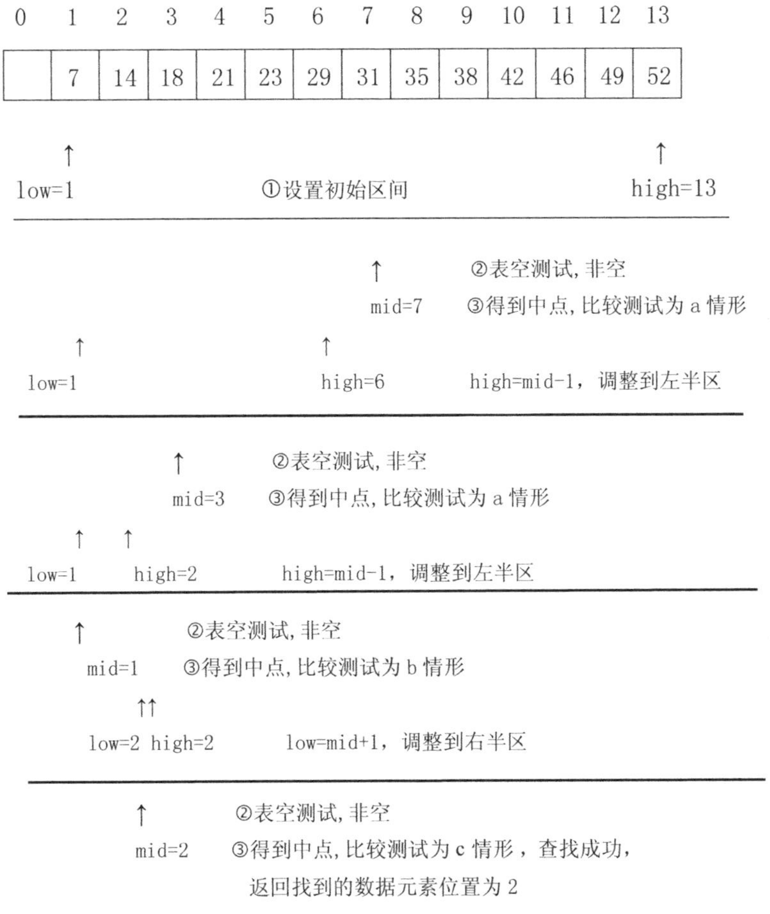

图 5-7　顺序查找算法实现过程

二分查找算法的实现代码:

```
int binary-search(int a[], int x, int length)
```

```
{
    int mid,low,high,flag=0;
    low=0;                                  /* 设置初始区间 */
    high=length;
    while(low<=high)
    {
        mid=(low+high)/2;                   /* 得到中间点 */
        if(x<a[mid]) high=mid-1;            /* 搜索转到左半区 */
        else if(x>a[mid]) low=mid+1;        /* 搜索转到右半区 */
        else {  flag=mid;break;  }
    }
    return flag;
}
```

# 5.3  实验 5：数组

本实验 4 学时。

## 5.3.1  数组元素排序

### 1. 实验内容

用比较法对 10 个整数排序。

### 2. 实验要求

(1) 输入程序，并运行该程序。
(2) 分析运行结果是否正确。

### 3. 设计分析

(1) 建立一个包含 10 个元素的整型数组，从终端输入任意 10 个整数作为初值。

(2) 按照比较法排序原则进行排序操作：将数组中的每一个元素与其后的各个元素逐个进行比较，若它比后面的元素大，则交换位置。依次进行两两比较，直到第 9 个元素与第 10 个元素比较完毕，整个数组排序完成。

(3) 输出原始数组的各元素和排序后的数组元素。

### 4. 操作指导

(1) 在 E 盘文件夹"C 语言"下创建文件夹"实验 5"，用于存放本章创建的所有程序项目。

(2) 启动 VC++ 6.0，进入集成开发环境，在菜单栏中选择 File→New 命令，弹出 New 对话框。

（3）选择 Files 选项卡中的 C++ Source File，在 File 文本框中输入文件名 exp1，扩展名为".c"，在 Location 文本框中指定该项目保存的位置，也可以单击"浏览"按钮，选择文件夹路径"E:\C 语言\实验 5"。

（4）单击 OK 按钮后，集成开发环境自动打开源代码编辑窗口，这样就进入编程环境，可输入程序代码。

程序代码：

```
/*实验5-exp1.c*/
#include <stdio.h>
#define N 10
int main()
{
    int a[N];
    int i,j,t;
    printf("\tInput 10 numbers: \n");
    for(i=0; i<N; i++)
        scanf("%d",&a[i]);
    printf("\n");
    for(i=0; i<N-1; i++)
        for(j=i+1; j<N; j++)            /*a[i]与其后的每一个元素进行比较*/
            if(a[i]>a[j])
            { t=a[j]; a[j]=a[i]; a[i]=t; }    /*从小到大排列*/
    printf("The sorted numbers: \n");
    for(i=0; i<N; i++)
        printf ("%4d", a[i]);
    printf("\n");
}
```

（5）运行程序。程序经过编译和链接后，输入 10 个数据"32　78　-90　478　-2　5　89　-29　8　3"，运行结果如图 5-8 所示。

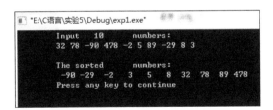

图 5-8　实验 5 的 exp1.c 运行结果

**5. 进一步实验**

（1）修改程序，将输出结果改为降序排列。

（2）采用冒泡排序算法重新编写实现升序排序的程序，并比较两种排序算法实现方式的不同之处。

### 5.3.2　按条件筛选数组元素

**1. 实验内容**

用筛选法求 100 以内的素数。

**2. 实验要求**

（1）输入程序，并运行该程序。
（2）分析运行结果是否正确。

**3. 分析设计**

（1）定义一个一维数组，如 a[101]，将全部备选的元素作为该数组的初值。
（2）使用两重循环实现对数组中的各元素进行判定和筛选：外循环列出全部元素，内循环判断该元素是否为素数，是素数就保留，否则将其置为 0。
（3）将数组中不为 0 的元素输出。

**4. 操作指导**

（1）在菜单栏中选择 File→Close Workspaces 命令，关闭前一个程序的运行空间。
（2）启动 VC++ 6.0，进入集成开发环境，在菜单栏中选择 File→New 命令，弹出 New 对话框。
（3）选择 Files 选项卡中的 C++ Source File，在 File 文本框中输入文件名 exp2，扩展名为".c"，在 Location 文本框中指定该项目保存的位置，也可以单击"浏览"按钮，选择文件夹路径"E:\ C 语言\实验 5"。
（4）单击 OK 按钮后，集成开发环境自动打开源代码编辑窗口，这样就进入编程环境，可输入程序代码。
程序代码：

```
/* 实验 5-exp2.c */
#include <stdio.h>
#include <math.h>
int main()
{   int i,j,n,a[101];
    for(i=1;i<=100;i++)
        a[i]=i;
    a[1]=0;
    for(i=2;i<sqrt(100);i++)
        for(j=i+1;j<=100;j++)
        {   if(a[i]!=0&&a[j]!=0)
            if(a[j]%a[i]==0)
                a[j]=0;
```

```
        }
    printf("\n");
    for(i=2,n=0;i<=100;i++)
    {   if(a[i]!=0)
        {   printf("%5d",a[i]);
            n++;
        }
        if(n==10)
        {   printf("\n");
            n=0;
        }
    }
    printf("\n");
    return 0;
}
```

(5) 运行程序。经过编译和链接后,程序运行结果如图 5-9 所示。

图 5-9 实验 5 的 exp2.c 运行结果

**5. 进一步实验**

筛选出 1000 以内的完数。如果一个数恰好等于它的全部真因子之和,则称该数为完数。一个数的真因子是指除了该数本身之外的约数。例如 6=1+2+3,6 就是一个完数。

## 5.3.3 数组元素逆置

**1. 实验内容**

将一个数组中的元素逆序重新排列。例如,原顺序为 20,18,12,9,8,6,5,4,1,要求改为 1,4,5,6,8,9,12,18,20。

**2. 实验要求**

(1) 输入程序,并运行该程序。
(2) 分析运行结果是否正确。

**3. 分析设计**

(1) 建立数组,从终端输入初始值。

（2）以中央元素为界，将左右两端对称位置上的元素互换。

（3）输出逆序的数组元素。

**4. 操作指导**

（1）在菜单栏中选择 File→Close Workspaces 命令，关闭前一个程序的运行空间。

（2）启动 VC++ 6.0，进入集成开发环境，在菜单栏中选择 File→New 命令，弹出 New 对话框。

（3）选择 Files 选项卡中的 C++ Source File，在 File 文本框中输入文件名 exp3，扩展名为".c"，在 Location 文本框中指定该项目保存的位置，也可以单击"浏览"按钮，选择文件夹路径"E:\ C语言\实验5"。

（4）单击 OK 按钮后，集成开发环境自动打开源代码编辑窗口，这样就进入编程环境，可输入程序代码。

程序代码：

```
/*实验5-exp3.c*/
#include <stdio.h>
#define N 9
int main()
{   int a[N],i,temp;
    printf("enter array a:\n");
    for(i=0;i<N;i++)
        scanf("%d",&a[i]);
    printf("array a:\n");
    for(i=0;i<N;i++)
        printf("%4d",a[i]);
    for(i=0;i<N/2;i++)              /*是将对称的元素的值互换*/
    {   temp=a[i];
        a[i]=a[N-i-1];
        a[N-i-1]=temp;
    }
    printf("\nNow,array a:\n");
    for(i=0;i<N;i++)
        printf("%4d",a[i]);
    printf("\n");
    return 0;
}
```

（5）运行程序。程序经编译和链接后，在运行时输入数组元素值"90 23 48 67 −5 87 −2 63 1"，运行结果如图5-10所示。

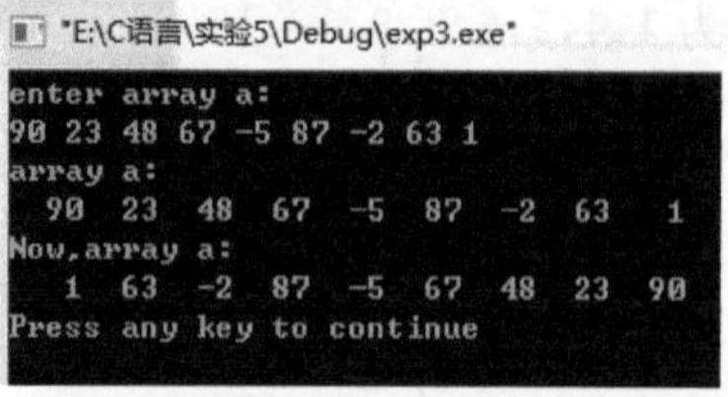

图5-10 实验5的 exp3.c 运行结果

**5. 进一步实验**

利用 C 语言标准库函数中的随机函数生成 10 个 100 以内的随机整数作为一维数组的元素,并将该数组元素逆序。

## 5.3.4　二分法查找

**1. 实验内容**

编写一个程序,完成以下功能:有 15 个数按从小到大的顺序存放在一个数组中。输入一个数,要求用二分法找出该数是数组中第几个元素的值。如果该数不在数组中,输出没有找到该值的信息。

**2. 实验要求**

输入事先已编好的程序,并运行该程序,分析运行结果是否正确。

**3. 设计分析**

(1) 输入一个升序的整数数组。
(2) 任意输入一个整数,采用二分法与该数组的元素进行比较。
(3) 找到与该数相等的元素,输出元素的序号。
(4) 若找不到,输出没有找到该值的信息。

**4. 操作指导**

(1) 在菜单栏中选择 File→Close Workspaces 命令,关闭前一个程序的运行空间。
(2) 启动 VC++ 6.0,进入集成开发环境,在菜单栏中选择 File→New 命令,弹出 New 对话框。
(3) 选择 Files 选项卡中的 C++ Source File,在 File 文本框中输入文件名 exp4,扩展名为“. c”,在 Location 文本框中指定该项目保存的位置,也可以单击“浏览”按钮,选择文件夹路径“E:\ C 语言\实验 5”。
(4) 单击 OK 按钮后,集成开发环境自动打开源代码编辑窗口,这样就进入编程环境,可输入程序代码。
程序代码:

```
/ * 实验 5-exp4.c * /
#include <stdio.h>
#define N 15
int main()
{ int i,number,top,bott,mid,loca,a[N],flag=1,sign;
    char c;
    printf("enter data:\n");
```

```
        scanf("%d",&a[0]);
        i=1;
        while(i<N)
        {   scanf("%d",&a[i]);
            if(a[i]>=a[i-1])
                i++;
            else
                printf("enter this data again:\n");
        }
        printf("\n");
        for(i=0;i<N;i++)
            printf("%5d",a[i]);
        printf("\n");
        while(flag)
        {   printf("input number to look for:");
            scanf("%d",&number);
            sign=0;
            top=0;                              /* top 是查找区间的起始位置 */
            bott=N-1;                           /* bott 是查找区间的最末位置 */
            if((number<a[0])||(number>a[N-1]))  /* 要查的数不在查找区间内 */
                loca=-1;                        /* 表示找不到 */
            while((!sign)&&(top<=bott))
            {   mid=(bott+top)/2;
                if(number==a[mid])
                {   loca=mid;
                    printf("Has found %d,its position is %d\n",number,loca+1);
                    sign=1;
                }
                else if(number<a[mid])
                    bott=mid-1;
                else
                    top=mid+1;
            }
            if(!sign||loca==-1)
                printf("cannot find %d.\n",number);
            printf("continue or not(Y/N)?");
            scanf(" %c",&c);
            if(c=='N'||c=='n')
                flag=0;
        }
        return 0;
}
```

(5) 运行程序。程序经编译和链接后,输入任意 15 个升序排列的数组元素,如输入

"3 8 12 23 34 45 56 67 78 89 90 128 234 266 278",分别输入在数组中的不存在的数 28 和在数组中存在的数 90,运行结果如图 5-11 所示。

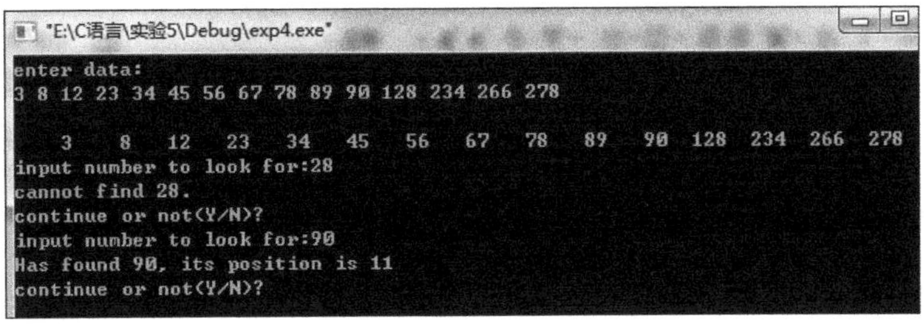

图 5-11　实验 5 的 exp4.c 运行结果

**5. 进一步练习**

在一个降序排列的数组中查找从键盘输入的一个数值,要求用二分法查找法找出该数是数组中第几个元素的值。如果该数不在数组中,则输出没有找到该值的信息。

## 5.3.5　字符数组操作

**1. 实验内容**

统计一段文本中的单词数、字符数和行数。假定单词中不包含空格,单词之间用一个空格隔开。文本输入结束时按回车键。如果首行或某行以空格开始,则计数结束。

**2. 实验要求**

输入程序,并运行该程序。分析运行结果是否正确。

**3. 设计分析**

(1) 读入文本信息,用双重循环实现文本信息的统计。

(2) 用外循环(while)控制读入的文本行数。

(3) 用内循环(for)实现对各行文本的处理,从首字符开始,依次判断各字符是否为空格,每发现一个空格,单词数加 1。

**4. 操作指导**

(1) 在菜单栏中选择 File→Close Workspaces 命令,关闭前一个程序的运行空间。

(2) 启动 VC++ 6.0,进入集成开发环境,在菜单栏中选择 File→New 命令,弹出 New 对话框。

(3) 选择 Files 选项卡中的 C++ Source File,在 File 文本框中输入文件名 exp5,扩展名为".c",在 Location 文本框中指定该项目保存的位置,也可以单击"浏览"按钮,选择文件夹路径"E:\ C 语言\实验 5"。

（4）单击 OK 按钮后，集成开发环境自动打开源代码编辑窗口，这样就进入编程环境，可输入程序代码。

程序代码：

```c
/*实验 5-exp5.c*/
#include <stdio.h>
#include <string.h>
#include <ctype.h>
void main()
{   char line[81],ctr;
    int i,c;
    int end=0;
    int characters=0;
    int words=0;
    int lines=0;
    printf("KEY IN TEXT.\n");
    printf("GIVE ONE SPACE AFTER EACH WORD.\n");
    printf("WHEN COMPLTED,PRESS 'RETURN'.\n\n");
    while(end==0)
    {   /*读一行文本*/
        c=0;
        while((ctr=getchar())!='\n')
            line[c++]=ctr;
        line[c]='\0';
        /*对一行中的单词数计数*/
        if(line[0]=='\0')
            break;
        else
        {   words++;
            for(i=0; line[i]!='\0';i++)
                if(line[i]==' '|| line[i]=='\t')
                    words++;
        }
        /*计算行数和字符数*/
        lines=lines+1;
        characters=characters+strlen(line);
    }
    printf("\n");
    printf("numbers of lines=%d\n",lines);
    printf("numbers of words=%d\n",words);
    printf("numbers of characters=%d\n",characters);
}
```

（5）运行程序。编译和链接程序，运行时输入一大段文本，例如输入：

C is a general-purpose structured programming language
that is powerful,efficient,and compact.
C combines the features of a high-level language with
the elements of the assembler and is,thus,close to
both man and machine. Programming in C which has recently
Become popular can be both interesting and fun.

输出结果如图 5-12 所示。

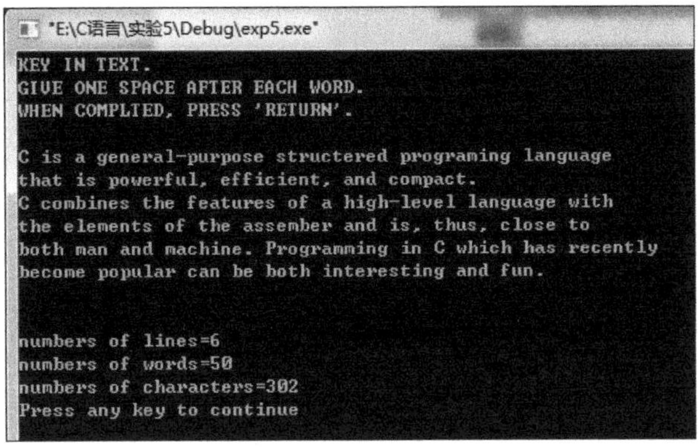

图 5-12　实验 5 的 exp5.c 运行结果

**5. 进一步练习**

（1）while 循环中的 break 语句的作用是什么？可以改为 continue 语句吗？

（2）将本例中的内循环也改成 while 循环，以实现对文本中的单词数、字符数和行数进行统计。

## 5.3.6　随机数数组操作

**1. 实验内容**

编写程序，定义一个含有 15 个元素的数组，要求调用 C 库函数中的随机函数给所有元素赋以 0～49 的随机数，输出数组元素，并按顺序对每 3 个数求一个和数，最后输出所求的和值。

**2. 实验要求**

输入程序，并运行该程序，分析运行结果是否正确。

**3. 设计分析**

定义数组，用随机函数完成数据元素的赋值输入，计算并输出结果。

### 4. 操作指导

（1）在菜单栏中选择 File→Close Workspaces 命令，关闭前一个程序的运行空间。

（2）启动 VC++ 6.0，进入集成开发环境，在菜单栏中选择 File→New 命令，弹出 New 对话框。

（3）选择 Files 选项卡中的 C++ Source File，在 File 文本框中输入文件名 exp6，扩展名为".c"，在 Location 文本框中指定该项目保存的位置，也可以单击"浏览"按钮，选择文件夹路径"E:\ C 语言\实验 5"。

（4）单击 OK 按钮后，集成开发环境自动打开源代码编辑窗口，这样就进入编程环境，可输入程序代码。

程序代码：

```c
/* 实验 5-exp6.c */
#include <stdio.h>
#include <time.h>
#include <stdlib.h>
#define SIZE 15
#define N 3
main()
{   int a[SIZE], b[SIZE/N]={0};
    int i, j, sum;
    srand(time(0));
    printf("a 数组\n");
    for(i=0; i<SIZE; i++)
    {   a[i]=rand()%50;
        printf("%4d",a[i]);
    }
    printf("\n b 数组\n");
    for(sum=0,i=0,j=0; i<=SIZE; i++)
    {   sum+=a[i];
        if((i+1)%3==0)
        {   b[j]=sum;printf("%4d",b[j]);
            sum=0;
            j++;
        }
    }
    printf("\n\n");
    return 0;
}
```

（5）运行程序。

编译和链接后运行该程序，得到图 5-13 所示的输出结果。

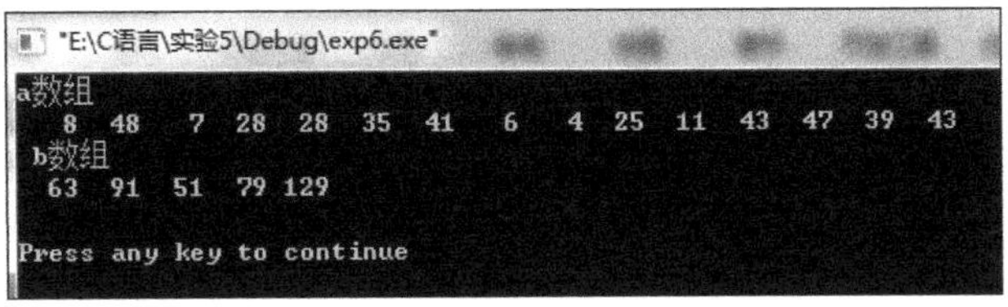

图 5-13　实验 5 的 exp6.c 运行结果

**5. 进一步练习**

（1）多次运行该程序，看看每次输出结果有什么变化。

（2）删除程序中的 srand(time(0)); 语句，再多次运行程序，每次的输出结果又有什么变化?

（3）要求产生的各数组元素是 50～100 的随机数，修改程序并运行，验证程序的正确性。

# 练习题

**一、单项选择题**

1. 以下数组说明语句中合法的是（　　　）。

　　A. int a[]="string";　　　　　　　　　　B. int a[5]={0,1,2,3,4,5};

　　C. char a="string";　　　　　　　　　　D. char a[]={0,1,2,3,4,5};

2. 若有以下语句，则正确的描述是（　　　）。

```
char x[]="12345";
char y[]={'1','2','3','4','5'};
```

　　A. x 数组和 y 数组长度相同　　　　　　B. x 数组长度大于 y 数组长度

　　C. x 数组长度小于 y 数组长度　　　　　D. x 数组等价于 y 数组

3. 若二维数组 a 有 m 列，在 a[i][j] 之前的元素个数为（　　　）。

　　A. j * m+i　　　　　B. i * m+j　　　　　C. i+m+j-1　　　　D. i * m+j+1

4. 以下定义数组的语句中错误的是（　　　）。

　　A. int a[][3]={{1,2},3,4,5,6};

　　B. int a[2][4]={{1,2},{3,4},{5,6}};

　　C. int a[]={1,2,3,4,5,6};

　　D. int a[][4]={1,2,3,4,5,6};

5. 以下数组定义中错误的是（　　　）。

　　A. int x[][3]={0};

　　B. int x[2][3]={{1,2},{3,4},{5,6}};

　　C. int x[2][]={{1,2,3},{4,5,6}};

    D. int x[ ][3]={1,2,3,4,5,6};

6. 以下程序的输出结果是(    )。

```
char c[5]={'a','b','\0','c','\0'};
printf("%s",c);
```

    A. a                B. b                C. ab                D. abc

7. s1 和 s2 已正确定义并分别表示两个字符串,若要求当 s1 所指字符串大于 s2 所指字符串时执行语句 S,则以下语句中能正确实现这一功能的是(    )。

    A. if(s1>s2)S;                        B. if(strcmp(s1,s2)) S;

    C. if(strcmp(s2,s1)>0) S;              D. if(strcmp(s1,s2)>0) S;

8. 调用函数 strlen("abcd\0\ef\0g")的返回值为(    )。

    A. 4                B. 5                C. 8                D. 9

9. 若有说明: int a[ ][3]={1,2,3,4,5,6,7};,则 a 数组第一维的大小是(    )。

    A. 2                B. 3                C. 4                D. 5

10. 若有数组定义:char array[ ]="China";,则数组 array 所占的空间为(    )。

    A. 4 字节          B. 5 字节          C. 6 字节          D. 7 字节

## 二、写出程序的运行结果

1.

```
#include <stdio.h>
main()
{   int k[30]={12,324,45,6,768,98,21,34,453,456};
    int count=0, i=0;
    while(k[i])
    {   if(k[i]%2==0||k[i]%5==0) count++;
        i++;
    }
    printf("%d,%d\n", count, i);
}
```

2.

```
#include <stdio.h>
#define N 4
void main()
{   char w[][10]={"ABCD","EFGH","IJKL","MNOP"};
    int k;
    for(k=1; k<3; k++)
      printf("%s",&w[k][k]);
}
```

3.

```
#include <stdio.h>
main()
{   int i, x[3][3]={1,2,3,4,5,6,7,8,9};
    for(i=0; i<3; i++)
    printf("%d,", x[i][2-i]);
}
```

4.

```
#include <stdio.h>
#include <string.h>
main()
{   char a[]={'a','b','c','d','e','f','g','h','\0'};
    int i,j;
    i=sizeof(a); j=strlen(a);
    printf("%d,%d,", i,j);
}
```

5.

```
#include <stdio.h>
f(int b[],int m,int n)
{   int i,s=0;
    for(i=m; i<n; i=i+2)
        s=s+b[i];
    return s;
}
main()
{   int x, a[]={1,2,3,4,5,6,7,8,9};
    x=f(a,3,7);
    printf("%d\n",x);
}
```

6.

```
#include <stdio.h>
main()
{   char ch[7]="12ab56";
    int i, s=0;
    for(i=0; ch[i]>='0'&&ch[i]<='9'; i+=2)
        s=10*s+ch[i]-'0';
    printf("%d\n", s);
}
```

# 第6章 函 数

**实验目的**

- 熟练掌握 C 语言库函数的调用。
- 掌握用户自定义函数的方法。
- 掌握函数实参与形参的对应关系,以及值传递的方式。
- 掌握函数嵌套调用和递归调用的方法。

## 6.1 函数基本知识提要

一个实用的 C 语言源程序总是由许多函数组成的,这些函数都是根据实际任务,由用户自己编写的。在这些函数中可以调用 C 提供的库函数,也可以调用由用户自己或他人编写的函数。但是,一个 C 语言源程序无论包含了多少个函数,在正常情况下都是从 main 函数开始执行,直到 main 函数结束。

### 6.1.1 库函数

C 语言提供了丰富的库函数,包括常用的数学函数、字符和字符串操作函数以及进行输入输出处理的各种函数等。

**1. 库函数的文件包含**

调用 C 语言库标准库函数时,要求使用 include 命令对每一类库函数进行文件包含,即在主调函数中需要调用库函数时,应在主调函数的声明部分用 ♯include 命令将该库函数的头文件包含进来。

```
# include <stdio.h>        /* 需调用有关输入输出处理的库函数时 */
# include <math.h>         /* 需调用数学函数库时 */
# include <ctype.h>        /* 需调用有关字符处理的库函数时 */
# include <string.h>       /* 需调用有关字符串处理的库函数时 */
# include <stdlib.h> 或 # include <malloc.h>    /* 需调用动态存储分配的库函数时 */
```

**2. 库函数的调用**

对库函数的一般调用形式为

函数名(参数列表);

在 C 语言中,库函数常以下列方式出现:

（1）在表达式中调用。例如，y＝sqrt(x)；。

（2）作为独立的语句完成某种操作。例如，printf("输入 10 个的整数："); 。

## 6.1.2　用户自定义函数

**1. 函数的定义和返回值**

1）函数的定义

C 语言函数定义的一般形式为

函数返回值类型名　函数名(类型名　形式参数 1，类型名　形式参数 2,…)
{　说明部分
　　语句部分
}

【例 6-1】　函数的定义。

```
double add(double a, double b)
{   double s;
    s=a+b;
    return s;
}
```

这里，double add(double a，double b)为函数的首部，add 为函数名，double 是函数的类型名，用来说明函数返回值（函数执行结果）的数据类型，即 add 函数值的类型是双精度型。

函数名后一对小括号中是形式参数和类型说明符，add 函数有两个形式参数 a 和 b，其类型均为 double，各形式参数之间用逗号隔开。

add 函数首部之后的一对大括号之间的是函数体，用来完成函数的功能。本例中就是完成求 a 和 b 的和值。

2）函数的返回值

函数的返回值是通过 return 语句返回的。

return 语句的形式是

return 表达式;　或　return(表达式);

return 语句中表达式的值就是所求的函数值，其类型必须与函数首部定义的类型一致，若类型不一致，则以定义的函数值类型为准，系统自动进行转换。

函数体内也可以不含 return 语句，此时，必须定义函数为 void 类型。

函数体也可以是空的。例如：

```
void dummy()
{ }
```

这里定义的函数 dummy 没有形式参数，函数体内也没有任何操作，也没有返回值，即空函数。这样的空函数往往是在程序开发时作为一个虚设部分而预留的。

说明：

（1）函数名和形式参数都是由用户命名的标识符。在同一程序中，函数名必须唯一，形式参数名只要在同一函数中唯一即可，可以与其他函数中的变量同名。

（2）C 语言规定，不能在函数的内部定义函数。

（3）若在函数的首部省略了函数返回值的类型名，把函数首部写成

函数名(类型名 形式参数 1, 类型名 形式参数 2,…)

则默认函数返回值的类型为 int 类型。

（4）除返回值为 int 类型或 char 类型的函数外，函数必须先定义（或说明）后调用。

（5）若函数只是用于完成某些操作，没有返回值，则必须把函数定义为 void 类型。

### 2. 函数的调用

1）函数调用形式

函数的调用形式如下：

函数名 (实参表列)

函数的调用可分为调用无参函数和调用有参函数两种。如果是调用无参函数，则不用实参表列，但函数名后的一对小括号不能省；在调用有参函数时，如果实际参数（简称实参）的个数多于一个时，各实参之间用逗号隔开。实参与所调用的函数中的形参要求类型相同、个数相等、顺序一致。

（1）当所调用的函数用于求出某个值（即传值调用）时，函数的调用可作为表达式出现在允许使用表达式的任何地方。例如，可以调用前面的 add 函数求出 3.5＋4.5 的值，然后赋给变量 y：y＝add(3.5,4.5)；也可以通过以下的语句段调用 add 函数求出表达式 1＋2＋3＋4＋5 的值，然后赋给变量 y：

```
for(y=0, i=1; i<=5; i++) y=add(y,i);
```

add 函数还可以出现在 if 语句中作为判断表达式。例如：

```
if(add(x,y)>0) …
```

（2）C 语言中的函数可以仅进行某些操作而不返回值，这称为传地址调用。这时函数的调用可作为一条独立的语句。例如：

```
void print_message()
{
    printf("HAPPY NEW YEAR! \n");
}
```

2）函数调用时的语法要求

（1）调用函数时，函数名必须与所调用的函数名完全一致。

（2）实参的个数与形参的个数一致。实参可以是表达式，在类型上应与形参一一对

应匹配。如果类型不匹配,C编译程序按照赋值兼容的规则进行转换。若实参和形参的类型不能赋值兼容,通常不会给出出错信息,且程序依然能执行,只是不会得到正确的结果,因此应该特别注意实参和形参的类型匹配。

(3) C语言规定:函数必须先定义后调用(函数的返回值类型为int或char时除外),也就是说,如果被调用函数的返回值为int或char类型,则被调用函数的定义语句可以放在调用的位置之后。

## 6.1.3　嵌套调用与递归调用

C语言函数定义是互相平行、独立的,也就是说,在定义函数时,一个函数内不能再定义另一个函数,即函数不允许嵌套定义,但是可以嵌套调用。

在调用一个函数的过程中又调用了另一个函数,称为嵌套调用;若在调用一个函数的过程中又出现直接或间接地调用该函数本身,则称为递归调用。

一个问题要采用递归算法来解决时,必须符合以下3个条件:

(1) 可以把要解决的问题转化为一个新的问题,而这个新的问题的解法仍与原来的解法相同,只是所处理的对象有规律地递增或递减。

(2) 可以应用这个转化过程使问题得到解决。

(3) 有一个明确的结束递归的条件。

当函数调用自己时,系统自动将函数中的当前变量和形参暂时保留起来,在新的一轮调用过程中,系统将为本次调用函数所用到的变量和形参开辟新的存储单元。递归调用的层次越多,同名变量所占的存储单元就越多。当本次调用的函数运行结束时,系统释放一次调用所占的存储单元,但程序执行的流程返回到上一层的调用点时,同时取用进入该层函数中的变量和形参所占用的存储单元中的数据。

**注意:**

(1) 在函数的递归调用过程中,每次递归调用都要保存旧的参数和变量,使用新的参数和变量;当递归调用返回时,再恢复旧的参数和变量。

(2) 在使用函数的递归和嵌套调用时,一定要清楚其中的逻辑关系,否则容易造成程序混乱。

(3) 编写递归函数时,必须建立递归结束条件,使程序能够在满足一定条件时结束递归并逐层返回。如果没有正确的递归结束条件,在调用该函数进入递归过程后,就会无休止地执行下去而不会返回。

【例6-2】　用函数的递归调用求$n$的阶乘$n!$。

求$n$的阶乘的公式如下:

$$n! = \begin{cases} 1, & n = 1 \\ n(n-1)!, & n > 1 \end{cases}$$

可知,求$n-1$的阶乘与求$n$的阶乘完全相同,只是问题的规模变小了,因此完全可以用递归函数来实现。

(1) 确定递归公式。递归公式是递归函数的模板,根据阶乘的递归公式,求阶乘的函

数在逻辑上可以写成

$$\text{fact}(n) = \begin{cases} 1, & n = 1 \\ n \times \text{fact}(n-1), & n > 1 \end{cases}$$

（2）确定递归函数出口，即结束递归调用的条件。对于阶乘来说，出口条件是 $n=1$。满足出口条件时，递归函数不能再调用自己，必须返回一个确定的值。

程序代码：

```
#include <stdio.h>
double fact (int n);
void main()
{
    int n;
    double s;
    scanf("%d",&n);
    printf("%d!=%e\n",n,fact(n));
}
double fact (int n)                        /* 递归函数，求 n! */
{   double s;
    if(n==1) return(1.0);                  /* 递归结束条件 */
    else s=n * fact(n-1);
    return(s);
}
```

运行该程序，在键盘上输入数据 12，得到以下输出结果：

```
12!=4.790016e+008
```

【例 6-3】 根据以下平方根的迭代公式，用递归算法求 $a$ 在 1.5 附近的平方根。

$$x_1 = \frac{1}{2}\left(x_0 + \frac{a}{x_0}\right)$$

利用迭代公式求 $a$ 的平方根的算法已经在前面实验 4 中讲解过。由该算法可知，只要新求出的 $x_1$ 的值与上次求得的 $x_1$（当前的 $x_0$）的值之差的绝对值大于 $10^{-5}$，就重复相同的步骤，直到二者差的绝对值小于或等于 $10^{-5}$，这就是递归结束的条件。

程序代码：

```
#include <stdio.h>
#include <math.h>
double mysqrt(double a, double x0)
{   double x1;
    x1=(x0+a/x0)/2.0;
    if(fabs(x1-x0)>0.00001) return mysqrt(a,x1);
    else return x1;
}
void main()
{   double a;
```

```
    printf("Enter a:");
    scanf("%lf",&a);
    printf("The sqrt of %f=%f \n",a,mysqrt(a,1.5));
}
```

运行该程序,输入 10,得到以下运行结果:

```
The sqrt of 10.000000=3.162278
```

在 mysqrt 函数中,只要 x1 — x2 的绝对值大于指定的误差 $10^{-5}$,就通过表达式 mysqrt(a,x1)进行递归调用,用当前的 x1 的值再去求新的 x1,直到满足误差要求时结束递归调用,返回所求的平方根,最后返回主函数,主函数输出结果值。

递归算法的过程如下:

(1) 主函数中第一次调用 mysqrt 函数时,系统为 a 和 x0 的形参开辟存储单元,暂且称之为 a′和 x0′,这里的 x0′是由用户假定的 a 的平方根值,系统同时与也为函数中定义的变量 x1 开辟存储单元 x1′。接着根据 a′和 x0′的值用迭代公式求出一个新的平方根放入 x1′中。若前后两次所求平方根值 x0′和 x1′之差的绝对值大于指定的误差,则执行 if 语句中的 return 语句,先计算 return 语句中的表达式,用 x1′再调用 mysqrt 函数。

(2) 进入第二层调用,系统为 a、x0、x1 开辟新的存储单元 a″、x0″、x1″,a′的值传送给 a″,x1′的值传送给 x0″,再根据 a″和 x0″的值,用迭代公式求出一个新的平方根值,放入 x1″中,若前后两次所求平方根值 x0″和 x1′之差的绝对值大于指定的误差,则执行 if 语句中的 return 语句,用 x1″再调用 mysqrt 函数。若前后两次所求平方根值 x0″和 x1′之差的绝对值小于或等于指定的误差,则递归结束,通过 return 语句把 x″(所得平方根)的值作为函数值返回上一层调用点。

(3) 若通过以上递归调用已得符合精度的平方根值,返回第一层调用点中的 if 子句,函数 mysqrt 把所得的平方根值作为函数值返回主函数。

## 6.1.4　变量的属性

### 1. 局部变量和全局变量

局部变量是指在函数内部或复合语句内部定义的变量,局部变量也称为内部变量。函数的形式参数就属于局部变量。

在一个函数内部定义的变量只在本函数范围内有效,即只有本函数才能使用它们,其他函数不能使用这些变量。不同函数中可以使用具有相同名字的局部变量,它们代表不同的数据对象,在内存中占据不同的存储单元,互不干扰。

在函数之外定义的变量称为外部变量,也叫全局变量。全局变量可以为本文件中的所有函数所共有,它的有效范围是从定义变量开始到本文件结束。

### 2. 变量的存储类型

每一个变量和函数都具有两个属性:数据的存储类别和数据类型。

存储类别指的是数据在内存中存储的方法,可分静态存储类和动态存储类。具体包括自动(auto)、静态局部(static)、寄存器(register)和外部(extern)4 种存储类型。

(1) auto 变量。

当在函数内部或复合语句内定义变量时,如果没有指定存储类别,或使用了 auto 说明符,系统就认为所定义的变量属于自动类别。例如,float x;等价于 auto float x;。

auto 变量的存储单元被分配在内存的动态存储区,每当进入函数体或复合语句时,系统为 auto 变量分配存储单元;退出时自动释放这些存储单元另作他用。

(2) static 变量。

当函数体或复合语句内部用 static 来说明一个变量时,该变量称为静态局部变量。static 变量在以下两方面与 auto 变量有本质上的区别:

一是在整个程序的运行期间,static 变量在内存中占据永久性的存储单元。即其占用的存储单元不释放,在下一次该函数调用时,该变量的已有值就是上一次函数结束时的值。因此,static 变量的生存期一直延续到程序运行结束。

二是 static 变量的初值是在编译时赋予的,只赋初值一次(auto 变量则是在程序执行过程中赋初值)。对未赋初值的静态局部变量,C 编译程序自动给它赋初值 0。

当希望函数中的局部变量的值在函数调用后不消失而保留原值时,就应该指定该局部变量为静态局部变量,用关键字 static 进行声明。

(3) register 变量。

register 变量称为寄存器变量,也是自动类变量,它与 auto 变量的区别在于:用 register 说明的变量建议编译程序将变量的值保留在 CPU 的寄存器中,而不是像一般变量那样占用内存单元。

程序运行时,访问存于寄存器的值要比访问存于内存的值要快得多,因此,当程序对运行速度有较高要求时,把那些频繁引用的少数变量指定为 register 变量,有助于提高程序的运行速度。

(4) extern 变量。

当全局变量定义在后,引用它的函数在前时,应该在引用它的函数中用 extern 对此全局变量进行说明,以便通知编译程序:该变量是一个已经在外部定义了的全局变量,已经分配了存储单元,不需要再为它开辟存储单元了。这时,该变量的作用域从 extern 说明处起,延伸到该函数末尾。

## 6.1.5 宏定义

### 1. 不带参数的宏定义

不带参数的宏定义命令行形式如下:

#define 宏名 替换文本

或

```
#define 宏名
```

在 #define、宏名和替换文本之间要用空格隔开。例如：

```
#define SIZE 1000
```

这里的标识符 SIZE 就是宏名，是用户定义的标识符，不得与程序中的其他名字相同。宏名一般习惯上用大写字母表示。宏替换实质上是原样替换的过程，宏定义可以减少程序中重复书写字符串的工作量。

编译时，在此命令行之后，预处理程序对程序中所有名为 SIZE 的标识符用 1000 这 4 个字符来替换，这个过程就是宏替换。但要注意，不能认为 SIZE 等于整数 1000。

**注意：**

（1）使用宏定义的常量时，只要在定义常量处改变该常量的值，则此常量在整个程序中的值都换成最新的值。

（2）宏定义是用宏名代替一个字符串，也就是作简单的置换，不作语法检查。宏定义不是 C 语句，不必在行末加分号。

（3）#define 命令出现在程序中函数的外面，宏名的有效范围为定义命令之后到本源程序文件结束，也可以用 #undef 命令终止宏定义的作用域。

（4）在进行宏定义时，也可以引用已定义的宏名。例如：

```
#define R 6.5
#define PI 3.14
#define L 2 * PI * R
```

（5）当宏定义在一行写不下，需要在另一行中继续时，只需在最后一个字符串后面紧接着加一个反斜线"\"即可。例如：

```
#define LEAP_YEAR year%4 ==0\
&& year%100 !=0 || year%400 ==0
```

（6）用作宏名的标识符通常用大写字母表示，但这只是一种习惯，并不是 C 语言的语法规定。

（7）在 C 语言中，宏定义一般写在程序的开头。

**2. 带参数的宏定义**

带参数的宏定义命令行形式如下：

```
#define 宏名(形参表) 替换文本
```

例如：

```
#define MU(X,Y) ((X) * (Y))
a=MU(5,2);                              /* 引用带参数的宏名 */
b=6/MU(a+3,a);
```

这里，MU(X,Y) 为带参数的宏，MU 是宏名。

**注意：**

（1）宏名与左括号之间不可留有空格。

（2）宏名后面的小括号里由若干形参标识符组成，各形参之间用逗号隔开。

（3）同一宏名不能重复定义，除非两个宏定义命令行完全一致。

（4）在调用带参数的宏名时，一对小括号必不可少，小括号中实参的个数应该与形参个数相同。在预编译时，编译预处理程序用"替换文本"来替换宏，并用对应的实参来替换"替换文本"中的形参。例如，上述 a＝MU(5,2);，经过宏替换后成为 a＝((5)*(2));，而 b＝6/ MU(a+3,a);经过宏替换后成为 b＝6/((a+3)*(a));。

（5）在"替换文本"中的形参和整个表达式应该用括号括起来。例如，若上例中的宏定义写成

```
#define MU(X,Y) X * Y
```

则对于 b＝6/MU(a+3,a);进行宏替换后，表达式将成为 b＝6/(a+3)*(a);，而不是 b＝6/((a+3)*(a));。

（6）宏替换和函数调用有相似之处，但在宏替换中，对参数没有类型的要求。例如调用宏 MU 既可以求两个整数的乘积，也可以求两个实数的乘积。但是，在函数调用时，则需要对不同类型的参数定义不同的函数。

（7）宏替换是在编译前由预处理程序完成的，因此宏替换不占运行时间。而函数调用是在程序运行时进行的，在函数调用过程中需要占用一系列的处理时间。

（8）宏替换中，实参不能替换放在双引号中的形参。

**3. 终止宏定义**

可以用♯undef 提前终止宏定义的作用域。

# 6.2　实验6：函数

本实验 4 学时。

## 6.2.1　求组合数

**1. 实验内容**

编写函数求组合数 $p$ 的值。

$$p = C_n^m \frac{n!}{m!(n-m)!}$$

$p$ 即为在 $n$ 个数据集合中任取其中 $m$ 个数 $(m \leqslant n)$ 的组合。

**2. 实验要求**

输入程序，并运行该程序，分析运行结果是否正确。

**3．设计分析**

（1）本例中多次用到阶乘，可设计一个阶乘函数 fun1(x)，求出 x 的阶乘。

（2）设计函数 fun2(n,m)，通过调用 fun1() 分别求取 n!、m! 和 (n－m)!，计算出
p 值。

（3）在主函数中输入 n、m 的值，调用 fun2(n,m)，得到输出结果。

**4．操作指导**

（1）在 E 盘文件夹"C 语言"下创建文件夹"实验 6"，用于存放本章创建的所有程序
项目。

（2）启动 VC++ 6.0，进入集成开发环境，在菜单栏中选择 File→New 命令，弹出
New 对话框。

（3）选择 Files 选项卡中的 C++ Source File，在 File 文本框中输入文件名 exp1，扩展
名为".c"，在 Location 文本框中指定该项目保存的位置，也可以单击"浏览"按钮，选择文
件夹路径"E:\C 语言\实验 6"。

（4）单击 OK 按钮后，集成开发环境自动打开源代码编辑窗口，这样就进入编程环
境，可输入程序代码。

程序代码：

```
/*实验6-exp1.c*/
#include <stdio.h>
long fun1(int x)                              /*求 x!*/
{   long s=1;
    int i;
    for(i=1; i<=x; i++)
        s=s*i;
    return s;
}
double fun2(int n, int m)                     /*求 p*/
{   double p;
    p=1.0*fun1(n)/fun1(m)/fun1(n-m);
    return p;
}
void main()
{   int i,j;
    scanf("%d%d",&i,&j);
    printf("p=%lf\n",fun2(i,j));
}
```

（5）运行该程序，输入 10 和 4，输出结果如图 6-1
所示。

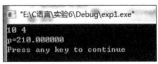

图 6-1　实验 6 的 exp1.c 运行结果

**5. 进一步练习**

修改程序,将求 x 的阶乘改用函数递归调用来实现。

## 6.2.2 求对数和的平方根函数

**1. 实验内容**

编写函数 fun,其功能是计算 $s = \ln 1 + \ln 2 + \cdots + \ln m$,以 $s$ 的平方根作为函数值返回。例如,若 $m$ 的值为 20,则 fun 函数值为 6.506583。

**2. 实验要求**

输入程序,并运行该程序,分析运行结果是否正确。

**3. 设计分析**

(1) 在 C 语言中,可调用库函数 $\log(n)$ 函数求 $\ln n$,调用 sqrt 函数求平方根。

(2) 根据计算表达式,可以先用 for 循环计算 $1, 2, \cdots, m$ 的对数和,每次循环都进行一次累加求和。

(3) log 函数的引用说明为 double log(double x)。log 函数的形参应为 double 类型,而循环变量为整型,需进行类型转换,返回时求出平方根。

**4. 操作指导**

(1) 在菜单栏中选择 File→Close Workspaces 命令,关闭前一个程序的运行空间。

(2) 启动 VC++ 6.0,进入集成开发环境,在菜单栏中选择 File→New 命令,弹出 New 对话框。

(3) 选择 Files 选项卡中的 C++ Source File,在 File 文本框中输入文件名 exp2,扩展名为".c",在 Location 文本框中指定该项目保存的位置,也可以单击"浏览"按钮,选择文件夹路径"E:\ C 语言\实验 6"。

(4) 单击 OK 按钮后,集成开发环境自动打开源代码编辑窗口,这样就进入编程环境,可输入程序代码。

程序代码:

```
/*实验6-exp2.c*/
#include <stdio.h>
#include <math.h>
double fun(int m)
{   int i;
    double s=0.0;
    for(i=1; i<=m; i++)
        s=s+log(i);                    /*计算对数和 */
```

```
        return sqrt(s);                    /* 对 s 求平方根并返回 */
}
void main()
{
        printf("%f\n",fun(20));
}
```

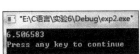

（5）运行程序。编译并链接后,输出结果如图 6-2 所示。

图 6-2 实验 6 的 exp2.c
运行结果

**5. 进一步练习**

编程实现以下功能:输入任意正整数 $m$,求 $1,2,\cdots,m$ 各数的对数和的平方根,并以指数形式输出结果。

## 6.2.3 打印数字三角形

**1. 实验内容**

编写函数 print(n),通过函数的递归调用来输出如下形式的数字三角形。

```
1
2 2
3 3 3
4 4 4 4
5 5 5 5 5
6 6 6 6 6 6
7 7 7 7 7 7 7
8 8 8 8 8 8 8 8
9 9 9 9 9 9 9 9 9
```

**2. 实验要求**

输入程序,并运行该程序,分析运行结果是否正确。

**3. 设计分析**

print(n)函数为每次输出 n 个 n,每次调用自身函数时,n 的值比前一次小 1,直到 n 为 0 时,再一层一层地返回,一层一层地输出。

**4. 操作指导**

（1）在菜单栏中选择 File→Close Workspaces 命令,关闭前一个程序的运行空间。

（2）启动 VC++ 6.0,进入集成开发环境,在菜单栏中选择 File→New 命令,弹出 New 对话框。

（3）选择 Files 选项卡中的 C++ Source File,在 File 文本框中输入文件名 exp3,扩展

名为".c"，在 Location 文本框中指定该项目保存的位置，也可以单击"浏览"按钮，选择文件夹路径"E：\ C 语言\实验 6"。

（4）单击 OK 按钮后，集成开发环境自动打开源代码编辑窗口，这样就进入编程环境，可输入程序代码。

程序代码：

```
/*实验 6-exp3.c*/
#include <stdio.h>
void print(int n);
void main()
{
    print(9);
}
void print(int n)                    /*递归函数*/
{   int i;                           /*递归结束条件*/
    if(n!=0)
    {   print(n-1);
        for(i=1; i<=n; i++)
            printf("%2d",n);
        printf("\n");
    }
}
```

```
"E:\C语言\实验6\Debug\exp3.exe"
1
2 2
3 3 3
4 4 4 4
5 5 5 5 5
6 6 6 6 6 6
7 7 7 7 7 7 7
8 8 8 8 8 8 8 8
9 9 9 9 9 9 9 9 9
Press any key to continue
```

（5）运行该程序。编译并链接后，输出结果如图 6-3 所示。

图 6-3 实验 6 的 exp3.c 运行结果

**5．进一步练习**

编程实现以下功能：输入 1～9 的任意数字，输出上述形式的数字三角形。例如，从键盘上输入数字 6，则输出数字三角为

## 6.2.4 二-十进制数的转换

**1．实验内容**

编写函数，把任意十进制正整数转换为二进制数。

**2．实验要求**

输入程序，并运行该程序，分析运行结果是否正确。

**3. 设计分析**

将十进制数转换为二进制数可以采用除基取余法,采用函数递归调用来实现:将十进制数不断除以 2,记下每次的商数和余数,商数再除以 2,取其余数,直到商为 0 为止。各次得到的余数从高位到低位排列,即为该十进制数对应的二进制数。

**4. 操作提要**

(1) 在菜单栏中选择 File→Close Workspaces 命令,关闭前一个程序的运行空间。

(2) 启动 VC++ 6.0,进入集成开发环境,在菜单栏中选择 File→New 命令,弹出 New 对话框。

(3) 选择 Files 选项卡中的 C++ Source File,在 File 文本框中输入文件名 exp4,扩展名为".c",在 Location 文本框中指定该项目保存的位置,也可以单击"浏览"按钮,选择文件夹路径"E:\C 语言\实验 6"。

(4) 单击 OK 按钮后,集成开发环境自动打开源代码编辑窗口,这样就进入编程环境,可输入程序代码。

程序代码:

```
/*实验 6-exp4.c*/
#include<stdio.h>
void Bin(int x)
{
    if(x/2>0)                    /*递归条件*/
        Bin(x/2);
    printf("%d\n",x%2);
}
void main()
{
    Bin(12);
}
```

图 6-4 实验 6 的 exp4.c
运行结果

(5) 运行程序。编译并链接后,输出结果如图 6-4 所示。

**5. 进一步练习**

编程实现以下功能:将从键盘上输入的任意十进制数转换为八进制数。

## 6.2.5 验证哥德巴赫猜想

**1. 实验内容**

编写函数,验证任意偶数为两个素数之和,并输出这两个素数。

**2. 实验要求**

输入程序,使用不同的数据进行程序验证。

**3. 分析设计**

定义一个函数判断一个数是否偶数。若一个数是偶数,则判断和为该偶数的两个数是否素数。

**4. 操作指导**

(1) 在菜单栏中选择 File→Close Workspaces 命令,关闭前一个程序的运行空间。

(2) 启动 VC++ 6.0,进入集成开发环境,在菜单栏中选择 File→New 命令,弹出 New 对话框。

(3) 选择 Files 选项卡中的 C++ Source File,在 File 文本框中输入文件名 exp5,扩展名为".c",在 Location 文本框中指定该项目保存的位置,也可以单击"浏览"按钮,选择文件夹路径"E:\ C语言\实验 6"。

(4) 单击 OK 按钮后,集成开发环境自动打开源代码编辑窗口,这样就进入编程环境,可输入程序代码。

程序代码:

```c
/*实验 6-exp5.c*/
#include <stdio.h>
int isprime(int);
void even(int);
void main()
{
    int a;
    printf(" Enter an even number:");
    scanf("%d",&a);
    if(a%2==0) even(a);
    else printf("%d is not even number:\n",a);
}
void even(int x)
{
    int i;
    for(i=2;i<x/2;i++)
    if(isprime(i))
        if(isprime(x-i))
        {   printf("%d=%d+%d\n",x, i, x-i);
            return;
        }
}
int isprime(int a)
```

```
{
    int i;
    for(i=2; i<=a/2; i++)
        if(a%i==0) return 0;
    return 1;
}
```

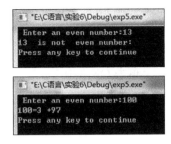

图 6-5　实验 6 的 exp5.c 运行结果

(5) 运行该程序。编译并链接后,分别输入奇数和偶数,输出结果如图 6-5 所示。输入的如果不是偶数(如输入 13),就显示输入的数不是偶数信息(11 is not even number);如果是偶数,就输出将该偶数表示为两个素数之和的等式(如输入 100 时,输出 100＝3＋97)。

**5. 进一步练习**

修改程序:将任意偶数拆分成两个素数之和,输出时,先输出两个素数中较大的那个,后输出较小的那个。例如输入偶数 100,输出结果为 100＝97＋3。

## 6.2.6　梯形法求函数 $f(x)$ 定积分

**1. 实验内容**

已知用梯形法求函数 $f(x)$ 定积分的近似公式为

$$s = h \times ((f(a) + f(b))/2 + \sum_{i=1}^{n-1} f(a + i \times h))$$

其中,$a$、$b$ 分别为积分的下限和上限,$n$ 为积分区间数,$h = \dfrac{|a-b|}{n}$。试用梯形法求函数 $\sin x$ 在区间 $[0, 1.5]$ 上的定积分,$n$ 取 100,即

$$s = \int_a^b \sin x \, \mathrm{d}x \quad (a = 0, b = 1.5)$$

**2. 实验要求**

输入程序,运行该程序,分析结果是否正确。

**3. 设计分析**

(1) 定义求定积分的函数 double integ(a,b)。
(2) 设定积分的上下限和积分区间数,用 for 循环计算各梯形面积之和 s。
(3) 主函数调用定积分函数 integ,得到输出结果。

**4. 操作指导**

(1) 在菜单栏中选择 File→Close Workspaces 命令,关闭前一个程序的运行空间。

（2）启动 VC++ 6.0，进入集成开发环境，在菜单栏中选择 File→New 命令，弹出 New 对话框。

（3）选择 Files 选项卡中的 C++ Source File，在 File 文本框中输入文件名 exp6，扩展名为".c"，在 Location 文本框中指定该项目保存的位置，也可以单击"浏览"按钮，选择文件夹路径"E:\ C 语言\实验 6"。

（4）单击 OK 按钮后，集成开发环境自动打开源代码编辑窗口，这样就进入编程环境，可输入程序代码。

代码如下：

```
/*实验 6-exp6.c*/
#include <stdio.h>
#include <math.h>
double integ(double a,double b )
{
    double s,x,h;
    int i,n=100;
    h=fabs(a-b)/n;
    s=(sin(a)+sin(b))/2.0;
    for(i=1; i<=n-1; i++)
    {   x=a+i*h;
        s=s+sin(x);
    }
    s=s*h;
    return s;
}
main()
{   double s;
    s=integ(0.0,1.5);
    printf("s=%f\n",s);
}
```

（5）执行该程序。编译并链接后，输出结果如图 6-6 所示。

图 6-6　实验 6 的 exp6.c 运行结果

**5. 进一步练习**

编程实现以下功能：用梯形法求指数函数 $e^x$ 在区间 $[1,2]$ 上的定积分 $\int_1^2 e^x \mathrm{d}x$。

# 练习题

## 一、单项选择题

1. 以下函数的类型（　　）。

```
fff(float x)
```

```
{ printf("%d\n",x * x)   }
```

    A. 与参数 x 的类型相同　　　B. 是 void 类型　　　C. 是 int 类型　　　D. 无法确定

2. 有以下函数调用语句：

```
func((exp1,exp2),(exp3,exp4,exp5));
```

其中含有的实参个数是(　　　)。

    A. 2　　　　　　　　　　B. 3　　　　　　　　C. 4　　　　　　　D. 5

3. 以下叙述中正确的是(　　　)。

    A. C 语言程序总是从第一个定义的函数开始执行

    B. 在 C 语言中,要调用的函数必须在 main 中定义

    C. C 语言程序总是从 main 函数开始执行

    D. main 函数必须放在程序的开始部分

4. 以下叙述中正确的是(　　　)。

    A. 局部变量说明为 static 的存储类,其生存期将得到延长

    B. 全局变量说明为 static 的存储类,其作用域将被扩大

    C. 任何存储类的变量在未赋初值时,其值都是不确定的

    D. 形参可以使用的存储类型说明符与局部变量完全相同

5. C 语言中形参的默认存储类型是(　　　)。

    A. 自动(auto)　　　　　　　　　　B. 静态局部(static)

    C. 寄存器(register)　　　　　　　　D. 外部(extern)

6. C 语言规定,函数返回值的类型由(　　　)决定。

    A. return 语句中的表达式类型

    B. 调用函数的主函数类型

    C. 调用函数时的临时类型

    D. 定义函数时指定的函数类型

7. 在一个源文件中定义的外部变量的作用域为(　　　)。

    A. 本文件的全部范围

    B. 本程序的全部范围

    C. 本函数的全部范围

    D. 从定义该变量的位置开始到本文件结束

8. 函数调用 strcat(strcpy(str1,str2),str3)的功能是(　　　)。

    A. 将字符串 str1 复制给 str2,再连接到字符串 str3 之后

    B. 将字符串 str1 连接到 str2 之后,再复制给字符串 str3

    C. 将字符串 str2 复制给 str1,再将字符串 str3 连接到字符串 str1 之后

    D. 将字符串 str2 连接到 str1 之后,再将字符串 str1 复制给字符串 str3

9. 以下宏定义中错误的是(　　　)。

    A. ♯define pi 3.14

    B. ♯define s 232

C.　＃define "b" 100

D.　＃define STR "this is a string"

10.　已知宏定义

```
#define N 3
#define Y(n) ((N+1) * n)
```

执行语句 z＝2＊(N＋Y(5＋1));,变量 z 的值是(　　　)。

　　　　A.　42　　　　　　　　B.　48　　　　　　　　C.　54　　　　　　　　D.　出错

## 二、写出程序的运行结果

1.

```
#include <stdio.h>
int f(int x);
main()
{  int n=1,m;
   m=f(f(f(n)));
   printf("%d",m);
}
int f(int x)
{
    return x * 2;
}
```

2.

```
include <stdio.h>
int fun(int x,int y)
{
    if(x!=y) return((x+y)/2);
    else return(x);
}
main()
{  int a=4,b=5,c=6;
   printf("%d\n",fun(2 * a,fun(b,c)));
}
```

3.

```
#include <stdio.h>
int fun()
{  static int x=1;
   x * =2;
   return(x);
}
main()
```

```
{  int i,s=1;
   for(i=1; i<=3; i++)
       s*=fun();
   printf("%d\n",s);
}
```

4.

```
#include <stdio.h>
#define PT 3.5
#define S(x) PT*x*x
main()
{  int a=1,b=2;
   printf("%4.1f\n",S(a+b));
}
```

5.

```
#include <stdio.h>
#define S1(z) 4*z+4*(z)
#define S2(x,y) 4*(x)*(y)+y*x
main()
{  int a=1,b=2;
   printf("%d\t",S1(a+b));
   printf("%d\t",S2(a,b)+S1(3));
   printf("%d\n",S2(3+a,b+3));
}
```

6.

```
#include <stdio.h>
int mm;
int func(int a)
{
    static int n=3;
    int i;
    for(i=1;i<a;i++)
        n=n*a;
    return n;
}
void main()
{
    int a;
    mm=func(2);
    a=func(3);
    printf("%d\t%d\n",mm,a);
}
```

# 第 7 章 指　　针

**实验目的**

- 熟练掌握指针的概念,学会定义和使用指针变量。
- 熟练掌握指向数组的指针变量。
- 熟练掌握指针数组。

## 7.1　指针基本知识提要

### 7.1.1　指针变量

**1. 指针变量的定义**

格式:

基类型标识符　*指针变量名;

其中,基类型标识符是该指针变量指向的内存单元的数据类型,可以是任意合法的数据类型;*称为指针定义符,用来说明指针变量;指针变量名必须是合法的标识符。

语义:定义一个指向基类型的指针变量,编译器为指针变量分配存储空间。

**2. 指针变量的初始化**

格式:

基类型标识符　*指针变量名=内存地址;

语义:定义一个指向基类型的指针变量,将内存地址存储在指针变量中,即指针变量指向该内存地址。

**3. 指针变量的操作**

(1) 指针变量赋值格式如下:

指针变量=内存地址;

(2) 指针与整数的加减运算。对指针变量加上或减去一个整数,表示将该指针后移或前移该整数指定个数的存储单元。

【例 7-1】　交换两个数据。

程序代码:

```
#include <stdio.h>
```

```
int main(void)
{
    int * p1, * p2,a=10,b=20,i;
    p1=&a;
    p2=&b;
    printf("a=%d, * p1=%d;b=%d, * p2=%d\n",a, * p1,b, * p2);
    i= * p1; * p1= * p2; * p2=i;                /* 两个数据交换 */
    printf("a=%d, * p1=%d;b=%d, * p2=%d\n",a, * p1,b, * p2);
}
```

程序运行结果：

```
a=10, * p1=10;b=20, * p2=20
a=20, * p1=20;b=10, * p2=10
```

## 7.1.2 数组的指针表示

### 1. 一维数组与指针

对一维数组元素的访问共有 3 种方式,分别是下标法、地址法和指针法。

(1) 通过下标访问数组元素：

```
int a[5]={1,3,5,7,9},i;
for(i=0;i<5;i++)
    printf("%d,",a[i]);
```

(2) 通过地址访问数组元素：

```
int a[5]={1,3,5,7,9},i;
for(i=0;i<5;i++)
    printf("%d,", * (a+i));
```

(3) 通过指针访问数组元素：

```
int a[5]={1,3,5,7,9},p;
for(p=a;p<a+5;p++)
    printf("%d,", * p);
```

【例 7-2】 用指针实现在一维数组中(N 个数)查找最大值元素。

分析：定义一个指针变量 p 指向一维数组 a,将数组第一个数赋给 max,通过移动指针,比较 max 与当前指针内容,若 max< * p,则更新 max 的值。指针的变化范围为 a+1 到 a+N。

程序代码：

```
#include <stdio.h>
#define N 10
int main()
```

```
{
    int a[N],max;
    int * p=a;
    printf("请输入%d个整数: ",N);
    for(int i=0; i<N; i++)
        scanf("%d",&a[i]);
    max= * p;
    for(p=a+1; p< (a+N); p++)
        if(max< * p) max= * p;
    printf("最大值为: %d\n",max);
    return 0;
}
```

程序运行结果：

请输入 10 个整数: 2 55 - 7 0 8 90 123 6 9 30
最大值为: 123

**2. 多维数组元素的多级指针引用**

C语言用一维数组来解释多维数组。例如把二维数组解释为以一维数组为元素的一维数组。对一个二维数组 a 来说,可以把它看成是由下列元素组成的一维数组:

$$a[0], a[1], a[2], \cdots, a[i], \cdots$$

这里,a[i]既是广义一维数组 a 的一个元素,又是一个一维数组 a[i] 的名字,是指向 a[i]的起始元素的指针常量。二维数组 a 是行指针,$*(a+i)$是指向第 i 行的列指针,其关系如图 7-1 所示。

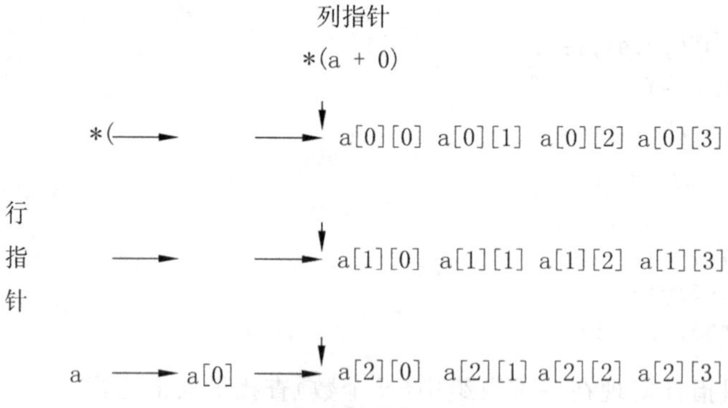

图 7-1  二维数据的行指针与列指针

从图 7-1 中可以看出,一个二维数组的元素可以用下标法引用,也可以用一级指针引用,还可以用二级指针引用。三者有下面的关系:

$$a[i][j] \Leftrightarrow *(a[i]+j) \Leftrightarrow *(*(a+i)+j)$$

**【例 7-3】** 用指针实现在二维数组(M 行 N 列)中查找元素最大值。

分析：定义一个指针变量 p 指向二维数组 a 的 a[0][0]元素,即 int * p＝&a[0][0],

通过移动指针,比较 max 与当前指针所指向的内容,若 max< ＊ p,则更新 max 的值。指针的变化范围为 &a[0][1]到 ＊(a+M-1)+N。

程序代码:

```
#include "stdio.h"
#define M 2
#define N 3
int main()
{
    int a[M][N],max;
    int ＊ p=&a[0][0];
    printf("请输入%d 个整数: ",M ＊ N);
    for(int i=0; i<M; i++)
        for(int j=0; j<N; j++)
            scanf("%d",&a[i][j]);
    max= ＊ p;
    for(p=&a[0][1]; p< ＊ (a+M-1)+N; p++)
        if(max< ＊ p) max= ＊ p;
    printf("最大值为: %d\n",max);
    return 0;
}
```

程序运行结果:

请输入 6 个整数: 3 99 8 12 6 15
最大值为: 99

## 7.1.3 指针数组

一个数组,如果其每个数据元素都是同类型的指针类型,则称为指针数组。假定有多个字符串,按照数组与指针的关系组合,可以有如下两种定义方式:

(1) 二维数组方式:

```
char str[M][N];
char str[5][13]={"C","C++","Visual Basic","Java","Ada"};
```

用这种方式存储的几个字符串,尽管它们长度不同,但占有相同长度的存储空间。

(2) 指针数组方式:

```
char ＊ str[N];
char ＊ str[5]={"C","C++","Visual Basic","Java","Ada"};
```

用这种方式存储多个字符串,在内存中根据各字符串的长度分配存储空间。

【例 7-4】 输入 5 个字符串,求最大字符串。

分析:用指针数组存放 5 个字符串。字符串比较大小时从第一个字符开始,对应字符逐对相比。字符的 ASCII 码值大的,对应的字符串就大,若字符相同,就从下一个字符继续比较;若直到其中一个字符串的末尾都相同,则字符串长者为大。在程序中应用strcmp()函数实现两个字符串的比较,将字符串较大的下标保存在变量中。

程序代码:

```
#include "stdio.h"
#include "string.h"
#define N 5
int main()
{   char * str[N]={"beijing","shanghai","zhuhai","shenzhen","guangzhou"};
    int index,i;
    index=0;
    for(i=1; i<N; i++)
        if(strcmp(str[i],str[index])>0)
            index=i;
    printf("最大的字符串是%s\n",str[index]);
    return 0;
}
```

程序运行结果:

最大的字符串是 zhuhai

# 7.2  实验 7:指针

本实验 4 学时。

## 7.2.1  有序数据

### 1. 实验内容

输入 3 个整数,按由小到大的顺序输出。然后将程序改为输入 3 个字符串,按由小到大的顺序输出。

### 2. 实验要求

(1)编写程序,完成以上实验内容,要求用指针处理。
(2)上机调试运行程序,输出运行结果,并分析结果是否正确。

### 3. 设计分析

对于第一个问题,定义一个一维数组存放 3 个整数,用数组元素的指针表示法实现 3个数的排序算法。对于第二问题,定义一个二维数组存放 3 个字符串,用字符串的比较函数通过两两比较完成有序处理。

### 4. 操作指导

（1）在 E 盘文件夹"C 语言"下创建文件夹"实验 7"，用于存放本章创建的所有程序项目。

（2）启动 VC++ 6.0，进入集成开发环境，在菜单栏中选择 File→New 命令，弹出 New 对话框。

（3）选择 Files 选项卡中的 C++ Source File，在 File 文本框中输入文件名 exp1a，扩展名为".c"，在 Location 文本框中指定该项目保存的位置，或单击"浏览"按钮，选择文件夹路径"E:\ C 语言\实验 7"。

（4）单击 OK 按钮后，集成开发环境自动打开源代码编辑窗口，这样就进入编程环境，输入程序代码。

程序代码：

```c
/* 实验 7-exp1a.c */
#include <stdio.h>
int main()
{   int a[3], * p=a;
    int i,j,s;
    for(i=0;i<3;i++)
        scanf("%d",(a+i));
    for(i=0;i<3;i++)
        for(j=0;j<3-1-i;j++)
            if(a[j]>a[j+1])
                {s= * (p+j); * (p+j)= * (p+j+1); * (p+j+1)=s;}
    for(i=0;i<3;i++)
        printf("%d ", * (p+i));
    printf("\n");
    return 0;
}
```

（5）运行程序。程序经过编译和链接后，输入"9 −5 0"，运行结果如图 7-2 所示。

图 7-2　实验 7 的 exp1a.c 程序运行结果

当完成上述实验后，注意在菜单栏中选择 File →Close Workspaces 命令，关闭前一个程序的运行空间，然后建立实验内容的 exp1b.c 文件，完成本实验的第二个问题的编程。

程序代码：

```c
/* 实验 7-exp1b.c */
#include <stdio.h>
#include <string.h>
int main()
{
```

```
char str[3][200],p[200];
int i;
for(i=0;i<3;i++)
        gets(str[i]);
if(strcmp(str[0],str[1])>0)
{   strcpy(p,str[0]);
    strcpy(str[0],str[1]);
    strcpy(str[1],p);
}
if(strcmp(str[0],str[2])>0)
{   strcpy(p,str[0]);
    strcpy(str[0],str[2]);
    strcpy(str[2],p);
}
if(strcmp(str[1],str[2])>0)
{   strcpy(p,str[1]);
    strcpy(str[1],str[2]);
    strcpy(str[2],p);
}
for(i=0;i<3;i++)
    printf("%s\n",str[i]);
return 0;
}
```

程序经过编译和链接后，输入 jnu、zhuhai、guangdong 3 个字符串，运行结果如图 7-3 所示。

图 7-3　实验 7 的 exp1b.c 程序运行结果

**5. 进一步实验**

(1) 用指针数组重写本实验的第二个问题，程序 exp1b.c 应怎样修改？

(2) 编写程序，完成对 10 个国家名称排序。

## 7.2.2　转置矩阵

**1. 实验内容**

用函数实现 3×3 矩阵的转置，在主函数中用 scanf 函数输入矩阵元素：

$$\begin{bmatrix} 1 & 3 & 5 \\ 7 & 9 & 11 \\ 13 & 15 & 19 \end{bmatrix}$$

将数组名作为函数实参，在执行函数的过程中实现矩阵转置，函数调用结束后，在主函数中输出已转置的矩阵。

**2. 实验要求**

(1) 编写程序,完成以上实验内容,要求用指针处理。

(2) 上机调试运行程序,并分析结果是否正确。

**3. 设计分析**

在主程序中定义一个二维数组,并完成二维数组的输入、转置函数调用和转置结果输出。自定义函数 void tra(int ( * p)[M])完成矩阵的转置,其中形参 p 定义为指向一维数组的指针变量。

**4. 操作指导**

(1) 在菜单栏中选择 File→Close Workspaces 命令,关闭前一个程序的运行空间。

(2) 在菜单栏中选择 File→New 命令,弹出 New 对话框。

(3) 选择 Files 选项卡中的 C++ Source File,在 File 文本框中输入文件名 exp2,扩展名为".c",在 Location 文本框中指定该项目保存的位置,或单击"浏览"按钮,选择文件夹路径"E:\ C 语言\实验 7"。

(4) 单击 OK 按钮后,集成开发环境自动打开源代码编辑窗口,这样就进入编程环境,输入程序代码。

程序代码:

```
/* 实验 7-exp2.c */
#include <stdio.h>
#define N 3
#define M 3
void tra(int(*p)[M])
{
    int i,j,x;
    for(i=0;i<N;i++)
        for(j=0;j<M;j++)
            if(i<=j)    /* 若没有该判断条件,则完成全部交换后又变回原来的矩阵 */
    {  x=*(*(p+i)+j);*(*(p+i)+j)=*(*(p+j)+i);*(*(p+j)+i)=x;  }
}
int main()
{
    int a[N][M];
    int i,j;
    for(i=0;i<N;i++)
        for(j=0;j<M;j++)
            scanf("%d",&a[i][j]);
    tra(a);
    for(i=0;i<N;i++)
```

```
    {   for(j=0;j<M;j++)
            printf("%d ",a[i][j]);
        printf("\n");
    }
    return 0;
}
```

（5）运行程序。程序经过编译和链接后，输入矩阵数据，运行结果如图 7-4 所示。

图 7-4　实验 7 的 exp2.c 程序运行结果

**5. 进一步实验**

若在本实验程序中增加一个功能：计算矩阵的对角线元素之和，程序需要怎样修改？给出修改后的程序和运行结果。

### 7.2.3　计算分数

**1. 实验内容**

有一个班的 4 个学生以及他们的 5 门课成绩。①求第一门课的平均分；②找出有两门以上课程不及格的学生，输出他们的学号、全部课程成绩和平均成绩；③找出平均成绩在 90 分以上或全部课程成绩均在 85 分以上的学生。分别编写 3 个函数实现以上 3 个要求。

**2. 实验要求**

（1）编写程序，完成以上实验内容，要求用指针处理。
（2）上机调试运行程序，并分析运行结果是否正确。

**3. 设计分析**

在主程序中定义二维数组 float score[M][N]完成 4 个学生的 5 门课程成绩的输入。自定义函数 void Ave1(float ∗ a)求第一门课的平均分。自定义函数 void f1(float（∗ p）[N]）找出有两门以上课程不及格的学生学号、全部成绩和平均成绩，其中平均成绩通过调用自定义函数 float studave(float ∗ b)获得。自定义函数 void f2(float（∗ pp）[N]）找出平均成绩在 90 分以上或全部课程成绩均在 85 分以上的学生。注意，自定义 f1 中的形参 p 定义为指向一维数组的指针变量，自定义函数 f2 中的形参 pp 含义类似。为了使输出结果更清楚，添加第 6 列数据 1～4 分别表示第几个学生。

**4. 操作指导**

（1）在菜单栏中选择 File→Close Workspaces 命令，关闭前一个程序的运行空间。
（2）在菜单栏中选择 File→New 命令，弹出 New 对话框。
（3）选择 Files 选项卡中的 C++ Source File，在 File 文本框中输入文件名 exp3，扩展

名为".c",在 Location 文本框中指定该项目保存的位置,或单击"浏览"按钮,选择文件夹路径"E:\ C 语言\实验 7"。

(4) 单击 OK 按钮后,集成开发环境自动打开源代码编辑窗口,这样就进入编程环境,输入程序代码。

程序代码:

```c
/*实验 7-exp3.c*/
#include <stdio.h>
#define M 4
#define N 6
/*求每个学生的平均成绩*/
float studave(float *b)
{
    float sum=0,ave;
    int i;
    for(i=0;i<N-1;i++)
        sum+= *(b+i);
    ave=sum/(N-1);
    return(ave);
}
/*求第一门课的平均分*/
void Ave1(float *a)
{
    int i;
    float sum1=0;
    for(i=0;i<M;i++,a=a+N)
        sum1+= *a;
    printf("\nThe average score of course 1 is:%f\n",sum1/M);
}
/*找出有两门以上不及格的学生*/
void f1(float(*p)[N])
{
    int i,j,k,x;
    printf("\n");
    for(i=0;i<M;i++)
    {
        k=0;
        for(j=0;j<N-1;j++)
            if(*(*(p+i)+j)<60)
                k++;
        if(k>=2)
        {
            printf("The student number is:%3.0f\n", *(*(p+i)+j));
            printf("The student's every course score are:");
```

```
        for(x=0;x<N-1;x++)
            printf("%4.2f,",*(*(p+i)+x));
        printf("\nThe student's average score is:%4.2f\n",studave(*(p+i)));
        }
    }
}
/* 找出平均成绩在 90 分以上或全部课程成绩均在 85 分以上的学生 */
void f2(float(*pp)[N])
{
    int i,j,k;
    printf("\n");
    for(i=0;i<M;i++)
    {
        k=0;
        if(studave(*(pp+i))>90)
            printf("student%2.0f average score is above 90.\n",*(*(pp+i)+N-1));
        for(j=0;j<N-1;j++)
            if(*(*(pp+i)+j)>85)
                k++;
        if(k==N-1)
            printf("student%2.0f every score is above 85.\n",*(*(pp+i)+j));
    }
}
int main()
{
    float score[M][N];
    int i,j;
    for(i=0;i<M;i++)
        for(j=0;j<N;j++)
            scanf("%f",&score[i][j]);
    Ave1(score[0]);
    f1(score);
    f2(score);
    return 0;
}
```

(5) 运行程序。程序经过编译和链接后,输入 4 个学生的 5 门课成绩如下:

```
43  77  97  58   84  1
78  58  65  93   60  2
88  89  96  100  86  3
80  34  78  55   83  4
```

运行结果如图 7-5 所示。

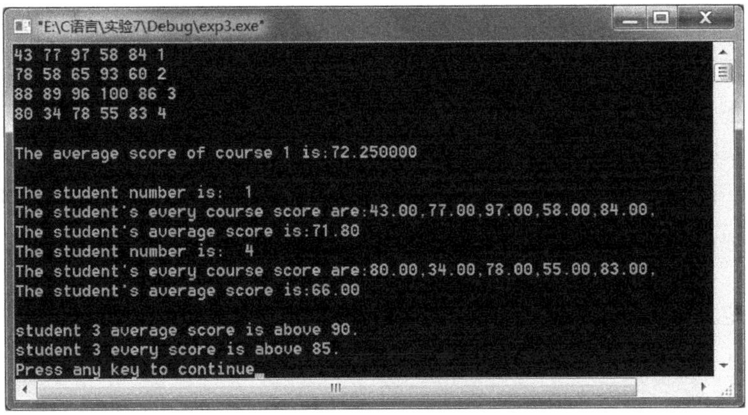

图 7-5 实验 7 的 exp3.c 程序运行结果

**5. 进一步实验**

以上程序中,求每个学生的平均成绩函数 float studave(float ＊b)是在哪里被调用的? 其调用过程是怎样执行的? 若将指针类型的形式参数 float ＊b 改成数组 float b[N－1]是否可以?

# 练习题

**一、单项选择题**

1. 若定义

```
char str[3]="AB";
char * p=str+1;
```

则 ＊(p＋1)的值为(　　　)。

    A. "B"　　　　　　B. 'B'　　　　　　C. '\0'　　　　　D. 0

2. 语句 char ＊spec[10];定义了(　　　)。

    A. spec 是指向一维数组的指针变量

    B. spec 是指向 char 型数据的指针变量

    C. spec 是指向函数的指针变量,该函数返回一个 char 数据

    D. spec 是一个数组,其每个元素是一个 char 指针

3. 若有以下说明:

```
int w[3][4]={{0,1},{2,4},{5,8}};
int (* p)[4]=w;
```

则数值为 4 的表达式是(　　　)。

    A. *w[1]　　　　B. *p[1]　　　　C. w[2][2]　　　D. p[1][1]

4. 若有以下定义和语句：

```
double r=99, * p=&r; * p=r;
```

则以下叙述中正确的是(      )。

  A. 以上两处的 * p 含义相同，都说明给指针变量 p 赋值

  B. 在 double r=99, * p=&r;中，把 r 的地址赋值给 p 所指的存储单元

  C. 语句 * p=r;把变量 r 的值赋给指针变量 p

  D. 语句 * p=r;取变量 r 的值放回 r 中

5. 若已定义 a 为 int 类型变量,则如下指针定义语句中正确的是(      )。

  A. int *p=a;  B. int p=&a;  C. int *p=&a;  D. int *p=*a;

6. 设 char **str;,以下表达式中正确的为(      )。

  A. str="computer";    B. *str="computer";

  C. **str="computer";    D. *str='c';

7. 二维数组 a[10][10]各元素的初值为：从 a[0][0]=0 开始,后一个数组元素的值比前一个数组元素的值多 1,则 * ( * (a+3)+2)的值为(      )。

  A. 31    B. 32    C. 5    D. 6

8. 以下程序段的输出结果是(      )。

```
static int a[2][3]={1,2,3,4,5,6},(* p)[3],m;
p=a;
for(m=0;m<3;m++)
    printf("%d ",* (* (p+1)+m));
```

  A. 1 2 3    B. 3 4 5    C. 4 5 6    D. 不确定的值

9. 设有如下函数定义：

```
int f(char * s)
{ char * p=s;
  while(* p!='\0') p++;
  return(p-s);
}
```

如果在主程序中用下面的语句调用上述函数,则输出结果为(      )。

```
printf("%d\n",f("goodbye!"));
```

  A. 3    B. 6    C. 8    D. 9

10. 以下程序执行后 a 的值是(      )。

```
main()
{ int a,k=4,m=6, * p1=&k, * p2=&m;
  a=p1==&m;
  printf("%d\n",a);
}
```

  A. 4    B. 1    C. 0    D. 运行时出错,a 无定值

**二、程序填空题**

1. 以下程序的功能是：从键盘接收一个字符串，然后按照字符顺序从小到大进行排序，并删除重复的字符。

```
#include <stdio.h>
#include <string.h>
int main()
{
    char string[100],*p,*q,*r,c;
    printf("Please input a string: ");
    gets(string);
    for(p=string; *p; p++)
    {   for(q=r=p; *q; q++)
            if( ①  ) r=q;
        if( ②  ) {  c=*r; *r=*p; *p=c;  }
    }
    for(p=string; *p;p++)
    {  for(q=p; *p==*q; q++)
            strcpy( ③  );
    }
    printf("result:%s\n",string);
    return 0;
}
```

2. 以下程序的功能是将字符串 a 的所有字符传送到字符串 b 中，要求每传送 3 个字符后再存放一个空格。例如，字符串 a 为"abcdefg"，则字符串 b 为"abc def g"。

```
#include <stdio.h>
int main()
{
    int i,k=0;
    char a[80],b[80],*p;
    p=a;
    gets(p);
    while(*p)
    {   for(i=1; ①  ; p++,k++,i++) b[k]=*p;
        if( ②  ) {  b[k]=' '; k++;  }
    }
    b[k]='\0';
    puts(b);
    return 0;
}
```

3. 函数 huiwen 的功能是检查一个字符串是否是回文，当字符串是回文时，函数返回字符串 Yes,否则函数返回字符串 No,并在主函数中输出。所谓回文就是字符串正向与反向都一样,例如 abcdcba。

```
#include <string.h>
char * huiwen(char * str)
{
    char * p1, * p2;
    int i,t=0;
    p1=str;
    p2=  ①  ;
    for(i=0; i<strlen(str)/2; i++)
        if(* p1++!=* p2--)
        {   t=1;
            break;
        }
    if(  ②  ) return("Yes");
    else return("No");
}
int main()
{
    char str[50];
    printf("input:");
    scanf("%s",str);
    printf("%s\n",  ③  );
    return 0;
}
```

# 第8章 结 构 体

**实验目的**
- 掌握结构体类型变量的定义和使用。
- 掌握结构体类型数组的概念和应用。
- 学会建立链表和删除结点。

## 8.1 结构体基本知识提要

### 8.1.1 结构体变量

**1. 结构体类型的定义**

格式：

```
struct 结构体类型名
{
    数据类型 1 成员 1;
    数据类型 2 成员 2;
     ⋮
    数据类型 n 成员 n;
};
```

语义：定义一个含有 n 个成员的结构体类型。注意，编译器不为结构体类型分配存储空间。

例如：

```
struct Student
{   unsigned int num;
    char name[20];
    int age;
    float score;
};
```

**2. 定义结构体变量**

（1）在定义了一个结构体类型之后，把变量定义为该类型。例如：

```
struct Student std1,std2;
```

以上定义了两个结构体变量 std1 和 std2。

（2）直接定义结构体类型的变量。例如：

```
struct                    /＊注意,这个头部没有类型名＊/
{   unsigned int num;
    char name[20];
    int age;
    float score;
} stdnt1,stdnt2;
```

（3）在声明一个结构体类型的同时定义一个或若干个结构体变量。例如：

```
struct Student
{
    unsigned int num;
    char name[20];
    int age;
    float score;
} std1,std2;
```

### 3. 结构体变量的引用

格式：

结构变量名.成员名

语义：引用结构体变量中的某个成员。例如 stdnt1.num。

### 4. 结构体变量的初始化

（1）先定义结构体类型,再定义结构体变量并赋初值。例如：

```
struct Student stdnt1={001,"zhangsan",20,90};
```

（2）在定义结构体类型的同时定义结构体变量并赋初值。例如：

```
struct Student
{
    unsigned int num;
    char name[20];
    int age;
    float score;
} stdnt1={001,"zhangsan",20,90};
```

### 5. 输入输出操作

在 C 语言中,不能整体读入一个结构体变量,也不能整体输出一个结构体变量,只能对结构体变量的各个成员进行输入输出操作。例如：

```
scanf("%d%s%d%f",&stdnt1.num,stdnt1.name,&stdnt1.age,&stdnt1.score);
```

```
printf("%d%s%d%f\n",stdnt1.num,stdnt1.name,stdnt1.age,stdnt1.score);
```

【**例 8-1**】 两个结构体变量的定义与赋值。

程序代码：

```
#include <string.h>
#include <stdio.h>
int main()
{
    struct student_rec
    {
        int number;
        char name[21];
        int scores[5];
    };
    struct student_rec student1,student2;
    int i;
    printf("Number: ");
    scanf("%d",&student1.number);
    printf("Name: ");
    scanf("%20s",name);
    printf("Five test scores: ");
    for(i=0; i<5; i++)
        scanf("%d",&student1.scores[i]);
    student2.number=student1.number+1;
    strcpy(student2. name,"Lili");
    for(i=0; i<5; i++)
        student2.scores[i]=100;
    /* 输出 student1 数据 */
    printf("\n\nThe values in student1 are:");
    printf("\nNumber is %d",student1.number);
    printf("\nName is %s",student1. name);
    printf("\nScores are: ");
    for(i=0; i<5; i++)
        printf(" %d ",student1.scores[i]);
    /* 输出 student2 数据 */
    printf("\n\nThe values in student2 are:");
    printf("\nNumber is %d",student2.number);
    printf("\nName is %s",student2.name);
    printf("\nScores are: ");
    for(i=0; i<5; i++)
        printf(" %d ",student2.scores[i]);
    printf("\n");
    return 0;
}
```

程序运行结果（下画线表示需要输入的数据）：

```
Number:1001
Name: Zhengwei
Five test scores:60 70 80 90 100
The values in student1 are:
Number is 1001
Name is Zhengwei
Scores are:60 70 80 90 100

The values in student2 are:
Number is 1002
Name is Lili
Scores are:100 100 100 100 100
```

## 8.1.2 结构体数组

### 1. 定义结构体数组

结构体数组的元素类型是结构体类型。定义结构体数组的方法与定义结构体变量相似，只是要多用一个中括号说明它是一个数组，指明数组的大小，并分配存储空间。

例如：

```
struct Student
{   unsigned int num;
    …
};
Struct Student stu[30];
```

或者

```
struct Student
{   unsigned int num;
    …
}stu[30];
```

或者

```
struct
{   unsigned int num;
    …
}stu[30];
```

### 2. 结构体数组的初始化

先定义结构体类型，再定义结构体数组并初始化。例如：

```
struct Student
{   unsigned int num;
    char name[20];
    int age;
    float score;
};
struct Student stu[3]={{50201, "ZhangXi",18,90.5},
                       {50202, "WhangLi",19,88.3},
                       {50203, "LiHong",17,79.9}};
```

### 3. 对结构体数组元素的操作

由于结构体数组的每个元素都是一个结构体类型的数据，因此结构体数组元素的使用方法与结构体变量的使用方法相同，结构体数组元素每个成员的使用方法与同类型简单变量的使用方法相同。例如：

```
struct Student stu[3]={{50201, "ZhangXi",18,90.5},
                       {50202, "WhangLi",19,88.3},
                       {50203, "LiHong",17,79.9}};
struct Student stdnt1;
stdnt1=stu[1];
strcpy(stdnt1.name,"ZhangSan");
stdnt1.age=20;
```

【例 8-2】 输入 5 个学生的信息并将它们输出。

程序代码：

```
#include <stdlib.h>
#include <stdio.h>
#define StuNUM 5
struct StudType
{
    char name[16];
    long num;
    float score;
};
int main()
{
    struct StudType stu[StuNUM];                    /* 定义结构体数组 */
    int i;
    char ch;
    char numstr[16];
    /* 输入数据 */
    for(i=0;i<StuNUM;i++)
    {
```

```
        printf("\nEnter all data of stu[%d]:\n",i);
        gets(stu[i].name);
        gets(numstr); stu[i].num=atol(numstr);
        gets(numstr); stu[i].score=atof(numstr);
    }
    /* 输出数据 */
    printf("\n record\tname\tnum\tscore\n");
    for(i=0;i<StuNUM;i++)
        printf("%d\t%-16s\t%d\t%6.2f\n",i,stu[i].name,stu[i].num,stu[i]
    .score);
    return 0;
}
```

程序运行结果：

```
Enter all data of stu[0]:
Zhangsan
1001
90
Enter all data of stu[1]:
Lisi
1002
88.5
Enter all data of stu[2]:
Wangwu
1003
78.9
Enter all data of stu[3]:
Zhaoliu
1004
92.8
Enter all data of stu[4]:
Lihua
1005
91
Record  name        num    score
0       zhangsan    1001   90.00
1       Lisi        1002   88.50
2       Wangwu      1003   78.90
3       Zhaoliu     1004   92.80
4       Lihua       1005   91.00
```

## 8.1.3 指针与结构体

### 1. 指向结构体变量的指针

一个结构体变量一经定义，系统就会为其分配一个连续的存储空间。可以定义一个指针变量指向一个结构体变量。结构体变量的指针就是这个结构体变量所占内存单元段的起始地址。例如：

```
struct studtype student={"ZhangXi",50021,18,'M',90.5};
struct studtype * p;
p=&student;
```

**2. 指向结构体数组的指针**

C 编译器不仅为一个结构体变量分配一个连续的存储空间,而且还像数组一样,为结构体数组中的元素分配一个连续的存储空间。可以定义一个指针变量指向一个结构体数组。指向结构体数组的指针值就是这个结构体数组的数组名。

【例 8-3】 用指向结构体数组的指针重写例 8-2 的代码。

程序代码：

```
#include <stdlib.h>
#include <stdio.h>
#define StuNUM 5
struct StudType
{
    char name[16];
    long num;
    float score;
};
int main()
{
    struct StudType stu[StuNUM],* p;
    int i;
    char ch;
    char numstr[16];
    /* 输入数据 */
    for(i=0,p=stu;p<stu+StuNUM;p++,i++)
    {
        printf("\nenter all data of stu[%d]:\n",i);
        gets(p->name);
        gets(numstr); p->num=atol(numstr);
        gets(numstr); p->score=atof(numstr);
    }
    /* 输出数据 */
    printf("\n record\tname\tnum\tscore\n");
    for(i=0;i<StuNUM;i++)
        printf("%d\t%-16s\t%d\t%6.2f\n",i,p->name,stu[i].num,p->score);
    return 0;
}
```

程序运行结果与例 8-2 相同。

## 8.1.4　动态存储分配

在程序运行期间,若需要根据程序运行的实际情况随时申请内存,就会遇到动态存储空间申请的问题。C 语言中的动态存储空间分配是通过指针实现的,具体如下:

(1) 确定需要多少内存单元。

(2) 程序利用动态分配函数获得需要的内存单元。

(3) 使指针指向获得的内存单元。

(4) 使用完毕,释放这些内存单元。

### 1. malloc 函数

原型:

```
void * malloc(unsigned int size);
```

功能:申请分配 size 字节的内存单元,但不清空这些内存单元。如果分配成功,则返回这段内存空间的起始地址,否则返回 NULL。

### 2. free 函数

原型:

```
void free(void * p);
```

功能:释放动态申请的内存空间,p 是该内存空间的起始地址。例如:

```
int * p=NULL;
p=(int * )malloc(sizeof(int));
* p=10;
free(p);
```

【例 8-4】 动态申请内存空间存放一组整数。

分析:假设一组整数的元素个数为 no_els,则动态申请的内存空间大小为 no_els * sizeof(int)。若申请成功,将内存空间首地址赋给一个指针变量,通过对该指针操作来存放一组整数。

程序代码:

```
# include <stdio.h>
# include <stdlib.h>
int main()
{
    int * int_array;
    int no_els,no_bytes,i;
    printf("Enter the number of elements: ");
```

```
    scanf("%d",&no_els);
    no_bytes=no_els * sizeof(int);
    int_array=(int * ) malloc(no_bytes);              /*动态申请内存空间*/
    if(int_array==NULL)
        printf("Cannot allocate memory\n");
    else
    {
        for(i=0; i<no_els; i++)
        {
            printf("Enter element %d: ",i);
            scanf("%d",&int_array[i]);
        }
        for(i=0; i<no_els; i++)
            printf("Element %d is %d\n",i,int_array[i]);
        free(int_array);                              /*释放内存空间*/
        return 0;
    }
}
```

程序运行结果：

```
Enter the number of elements:3
Enter element 0:56
Enter element 1:80
Enter element 2:10
Element 0 is 56
Element 1 is 80
Element 2 is 10
```

## 8.1.5 单链表

### 1. 结点与单链表

在内存中占用一组任意的存储单元,每个存储单元在存储数据的同时,还必须存储其后继数据(即下一个数据)所在的地址信息,这个地址信息称为指针,这两部分组成了数据的存储映像,称为结点。

单链表是一种可以实现动态分配的存储结构。用一个地址任意的存储单元存放结点 $a_i$ 的数据值和该结点的后继结点地址,这样通过每个结点的指针将数据按其逻辑次序链接在一起形成链表。由于每个结点只有一个指针,故称为单链表,其结构如图 8-1 所示,其中 $h$ 为头结点,其指针指向第一个数据元素,链表的最后结点地址为空。

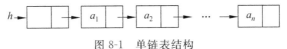

图 8-1 单链表结构

**2. 单链表的描述**

```
struct Lnode
{
    数据类型 data;
    struct Lnode * next;
} * head, * p;
```

其中，head 和 p 为指向单链表的指针。

**3. 单链表的操作**

(1) 生成含 n 个数据元素的链表 CreateList(int n)的算法描述如下：

```
void CreateList(int n)
{
    /*逆序输入 n 个元素的值,建立带头结点的单链表 h */
    h=(struct LNode *)malloc(sizeof(struct LNode));
    h->next=NULL;
    for(i=n;i>0;--i)
    {
        p=(struct LNode *)malloc(sizeof(struct LNode));
        scanf(&p->data);
        p->next=h->next; h->next=p;
    }
}
```

(2) 插入数据元素 ListInsert,其执行过程如图 8-2 所示。

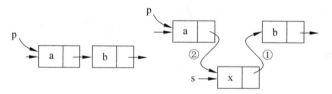

图 8-2 在链表中插入数据元素

①、②对应的两步操作为

```
s->next=p->next;
p->next=s;
```

其算法描述如下：

```
void ListInsert(int i,int e)
{
    /*在带头结点的单链表 h 的第 i 个元素之前插入元素 e */
    p=h; j=0;
```

```
    while(p&&j<i-1)
        {  p=p->next;++j;  }
    if(!p|| j>i-1) return -1;
    s=(struct LNode *)malloc(sizeof(struct LNode));
    s->data=e; s->next=p->next;
    p->next=s;
    return 0;
}
```

单链表的常用操作还有删除数据元素 ListDelete、取第 i 个数据元素 GetElem 等,不再详细介绍。

# 8.2  实验 8:结构体

本实验 4 学时。

## 8.2.1  学生成绩

**1. 实验内容**

编写程序完成以下功能:有 5 个学生,每个学生的数据包括学号、姓名、3 门课的成绩,从键盘输入 5 个学生数据,要求输出 3 门课平均成绩以及平均分最高的学生的数据(包括学号、姓名、3 门课成绩、平均分数)。

**2. 实验要求**

(1) 分别用 3 个自定义函数完成学生信息的输入、平均分的计算和最高平均分学生的查找。平均分和最高平均分的学生数据都在主函数中输出。

(2) 输入程序,并运行该程序,分析运行结果是否正确。

**3. 设计分析**

定义一个全局属性的结构体数组 c[5],包含学生的学号、姓名、3 门课成绩;定义 input 函数输入 5 个学生数据;定义 average 函数求每个学生的平均分;定义 maxdata 函数返回最高平均分学生数据的下标。在主程序中通过调用各个函数完成数据的输入和计算,然后在主程序中输出每个学生的平均分和最高平均分学生的所有数据。

**4. 操作指导**

(1) 在 E 盘文件夹"C 语言"下创建文件夹"实验 8",用于存放本章创建的所有程序项目。

(2) 启动 VC++ 6.0,进入集成开发环境,在菜单栏中选择 File→New 命令,弹出

New 对话框。

（3）选择 Files 选项卡中的 C++ Source File，在 File 文本框中输入文件名 exp1，扩展名为".c"，在 Location 文本框中指定该项目保存的位置，或单击"浏览"按钮，选择文件夹路径"E:\C语言\实验8"。

（4）单击 OK 按钮后，集成开发环境自动打开源代码编辑窗口，这样就进入编程环境，输入程序代码。

程序代码：

```c
/*实验8-exp1.c*/
#include <stdio.h>
#include <stdlib.h>
#define N 5
struct Student
{
    long num;
    char name[20];
    float score[3];
    float ave;
}c[N];
void input()
{
    int i,j;
    for(i=0;i<N;i++)
    {
        scanf("%ld%*c",&c[i].num);
        gets(c[i].name);
        for(j=0;j<3;j++)
            scanf("%f",&c[i].score[j]);
    }
}
void average()
{
    int i,j;
    for(i=0;i<N;i++)
    {
        c[i].ave=0;
        for(j=0;j<3;j++)
            c[i].ave+=c[i].score[j];
        c[i].ave/=3;
    }
}
int maxdata()
{   int j,k;
```

```
        float m=c[0].ave;
        for(j=1;j<N;j++)
            if(m<c[j].ave)
            {
                m=c[j].ave;
                k=j;
            }
        return k;
}
int main()
{
        int i,k;
        input();
        average();
        k=maxdata();
        for(i=0;i<N;i++)
            printf("student %d's average is %f\n",i+1,c[i].ave);   /* 输出平均分 */
        printf("%ld\n%s\n",c[k].num,c[k].name);   /* 输出最高平均分学生的所有数据 */
        for(i=0;i<3;i++)
            printf("%5.2f\n",c[k].score[i]);
        printf("%5.2f\n",c[k].ave);
        return 0;
}
```

（5）运行程序。程序经过编译和链接后，输入 5 个学生的数据，输出每个学生的平均成绩和最高平均分的学生数据，具体运行结果如图 8-3 所示。

**5. 进一步实验**

在以上程序中，自定义函数在主程序中逐个被调用，使得主程序结构清晰，这体现了什么程序设计风格？若增加按平均分排序功能，程序需怎样修改？

## 8.2.2 链表建立与删除

**1. 实验内容**

编写程序实现以下功能：建立一个链表，每个结点包括学号、姓名、性别、年龄。输入一个年龄值，如果链表中的结点所包含的年龄等于此

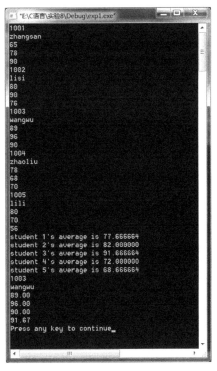

图 8-3　实验 8 的 exp1.c 程序运行结果

值,则将此结点删去。

**2. 实验要求**

输入程序,并运行该程序,分析运行结果是否正确。

**3. 设计分析**

首先定义一个结构体类型 StuNode。其次,调用动态函数 malloc 获得该类型结点的存储空间,形成头结点。然后申请第一个结点空间,为各成员项赋值,并将该结点插入到头结点后面;申请第二个结点空间,为各成员项赋值,并将该结点插入到第一个结点后面;以此类推,申请第 $N$ 个结点空间,为各成员项赋值,并将该结点插入到第 $N-1$ 个结点后面。这样通过 $N$ 次循环构造 $N$ 个结点的单链表并输出显示。最后根据输入的年龄值,从头结点开始,沿着 next 域查找年龄和该值相等的结点。若找到,修改其指向后继的指针,将该结点删除并输出 "delete success!"。具体过程如图 8-4 所示,即 q->next=p->next;free(p);。若没有找到,则输出 "can't find!"

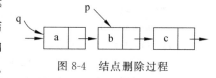

图 8-4　结点删除过程

**4. 操作指导**

(1) 在菜单栏中选择 File→Close Workspaces 命令,关闭前一个程序的运行空间。

(2) 在菜单栏中选择 File→New 命令,弹出 New 对话框。

(3) 选择 Files 选项卡中的 C++ Source File,在 File 文本框中输入文件名 exp2,扩展名为".c",在 Location 文本框中指定该项目保存的位置,或单击"浏览"按钮,选择文件夹路径"E:\C 语言\实验 8"。

(4) 单击 OK 按钮后,集成开发环境自动打开源代码编辑窗口,这样就进入编程环境,输入程序代码。

程序代码:

```c
/*实验 8-exp2.c*/
#include <stdio.h>
#include <stdlib.h>
struct StuNode
{
    int num;
    char name[20];
    char sex[5];
    int age;
    struct StuNode * next;
} * head, * p, * q;
int main()
{
```

```
int i,n,ag,flag;
printf("intput n=?");
scanf("%d",&n);
head=(struct StuNode *)malloc(sizeof(struct StuNode));
head->next=NULL;
p=head;
printf("\nintput student's data\n");
for(i=0;i<n;i++)                  /*建立 n 个结点的单链表*/
{
    q=(struct StuNode *)malloc(sizeof(struct StuNode));
    scanf("%d%*c",&q->num);
    gets(q->name);
    gets(q->sex);
    scanf("%d",&q->age);
    p->next=q;
    p=q;
}
p->next=NULL;
p=head->next;
printf("\ndisplay linklist\n");
for(i=0;i<n;i++)
{
    printf("%d ",p->num);
    printf("%s ",p->name);
    printf("%s ",p->sex);
    printf("%d\n",p->age);
    p=p->next;
}
printf("\nintput age to be deleted:");
while(scanf("%d",&ag)&&ag!=0)
{
    flag=0;
    p=head;
    q=p->next;
    while(q)
    {
        if(ag==q->age)
        {
            flag=1;
            if(q->next!=NULL)
                p->next=q->next;
            else
```

```
                    p->next=NULL;
                printf("delete success!\n");
                break;
            }
            else
            {
                p=p->next;
                q=q->next;
            }
        }
        if(flag==0)
            printf("can't find!\n");
        else                        /* 以下输出删除结点后的单链表 */
        {   p=head->next;
            printf("\ndisplay linklist after one node was deleted\n");
            for(i=0;i<n;i++)
            {
                printf("%d ",p->num);
                printf("%s ",p->name);
                printf("%s ",p->sex);
                printf("%d\n",p->age);
                p=p->next;
            }
        }
    }
    return 0;
}
```

（5）运行程序。程序经过编译和链接后，提示
输入学生人数，当输入 4 后，开始逐个输入学生的
学号、姓名、性别和年龄。当输入完成后，会显示 4
个学生的全部数据。然后，程序提示输入要删除
的结点的年龄，输入后显示删除成功，并输出删除
结点后单链表的结点数据。具体程序运行结果如
图 8-5 所示。

**5. 进一步实验**

修改程序，增加按姓名查找结点的功能。若
结点存在，则输出该结点的所有数据；若结点不存
在，输出"Can not find it!"。

图 8-5　实验 8 的 exp2. c 程序运行结果

# 练习题

## 一、单项选择题

1. 若有以下说明：

```
struct animal{
    char name[10];
    int number;
};
struct animal t[3]={{"jisuanji",10},{"mydog",20},{"zhuhai",30}};
```

则能打印出 dog 的语句是（      ）。

    A. printf("%s\n",t[1].name+2);

    B. printf("%s\n",t[1].name[2]);

    C. printf("%s\n",t[2].name+2);

    D. printf("%s\n",t[2].name[2]);

2. 设有以下说明和定义语句：

```
struct s
{
    int i1;
    struct s * i2;
}
static struct s a[3]={1,&a[1],2,&a[2],3,&a[0]},* ptr;
ptr=&a[1];
```

则下面的表达式中值为 3 的是（      ）。

    A. ptr->i1++               B. ptr++->i1

    C. *ptr->i1               D. ++ptr->i1

3. 以下程序的运行结果是（      ）。

```
typedef struct {
    long a[2];
    float b[4];
    char c[8];
} mytype;
mytype our;
main()
{
    printf("%d\n",sizeof(our));
}
```

    A. 20                 B. 16                 C. 8                 D. 32

4. 若有以下定义和语句：

```
struct student{
    int age;
    int num;
};
struct student stu[3]={{20,1001},{19,1002},{21,1003}};
main()
{
    struct student * p;
    p=stu;
    ...
}
```

则以下表达式不正确的是(　　　)。

    A. (p++)->num
                    B. p++

    C. *p.num
                      D. (*p).num

5. 设有以下说明语句：

```
struct ex
{
    int x;
    float y;
    char z;
} example;
```

则下面的叙述中不正确的是(　　　)。

    A. struct 是结构体类型的关键字
        B. example 是结构体类型名

    C. x、y、z 都是结构体成员名
        D. struct ex 是结构体类型

6. 设有如下定义：

```
struct stru{
    int x;
    int y;
};
struct st{
    int x;
    float y;
    struct stru * p;
}st1, * p1;
```

若有 p1=&st1,则以下引用正确的是(　　　)。

    A. (* p1).p.x
                    B. (* p1)->p.x

    C. p1->p->x
                      D. p1.p->x

7. 若有以下说明：

```
struct stru{
```

```
        int x;
        int y;
};
struct stru t[3]={{1,3},{2,5},{4,6}},*p=t;
```

则下列表达式中值为 5 的是(　　)。

　　A.（p++)->y　　　　　　　　　　B.（p++)->x

　　C.(*++p).y　　　　　　　　　　D.(*++p).x

8. 若有以下程序：

```
#include "stdio.h"
main()
{   struct stru1{int x;int y;} stru2[2]={1,3,2,7};
    printf("%d\n",stru2[0].y/stru2[0].x * stru2[1].x);
}
```

输出结果是(　　)。

　　A. 2　　　　　　　B. 4　　　　　　　C. 8　　　　　　　D. 6

9. 若有以下程序：

```
#include "stdio.h"
main()
{
    union un {
        int i;
        long j;
        char m;
    };
    struct byte {
        int x;
        long y;
        union un m;
    }r;
    printf("%d\n",sizeof(r));
}
```

在 VC++ 6.0 环境下,输出结果是(　　)。

　　A. 10　　　　　　B. 12　　　　　　C. 14　　　　　　D. 16

10. 以下程序的输出结果是(　　)。

```
main()
{
    union un {
        int i[2];
        long j;
        char m[4];
```

```
    }r, * s=&r;
    s->i[0]=0x409;
    s->i[1]=0x407;
    printf("%d\n",s->m[0]);
}
```

    A. 49             B. 9               C. 47             D. 7

## 二、程序填空题

1. 设有 3 个人的姓名和年龄保存在结构体数组中，以下程序输出 3 人中年龄居中者的姓名和年龄。

```
struct man
{
    char name[20];
    int age;
}person[]={"liming",18,"wanghua",19,"zhangping",20};
main()
{
    int i,j,max,min;
    max=min=person[0].age;
    for(i=1;i<3;i++)
        if(person[i].age>max)   ①   ;
        else if(person[i].age<min)   ②   ;
    for(i=1;i<3;i++)
    if(person[i].age!=max   ③   person[i].age!=min)
    {
        printf("%s %d\n",person[i].name,person[i].age);
        break;
    }
}
```

2. 函数 fun1 用来建立一个带头结点的单向链表，新产生的结点总是插入在链表的末尾。单向链表的头指针作为函数值返回。

```
#include "stdio.h"
struct list
{
    char num;
    struct list * np;
};
struct list * fun1()
{
    struct list * h, * p, * q;
    char s;
```

```
    h=  ①  malloc(sizeof(struct list));
    p=q=h;
    s=getchar();
    while(s!='?')
    {
        p=  ②  malloc(sizeof(struct list));
        p->num=s;
        q->np=p;
        q=p;
        s=getchar();
    }
    p->nq='\0';
      ③  ;
}
```

3. 实现 fun2 函数的功能：查找带有头结点的单向链表,将结点数据域的最小值作为
函数值返回。

```
struct node
{
    int data;
    struct node * next;
}
int fun2(struct node * first)
{
    struct node * p;
    int m;
    p=first;
    m=p->data;
    for(p=p->next;p!=NULL;p=  ①  )
        if(  ②  )
            m=p->data;
    return m;
}
```

# 第 9 章 位运算与文件

**实验目的**

- 掌握按位运算的概念和方法,学会使用位运算符。
- 学会通过位运算实现对某些位的操作。
- 学会使用打开、关闭、读、写等文件操作函数。
- 学会用缓冲文件系统对文件进行简单的操作。

## 9.1 位运算与文件基本知识提要

### 9.1.1 位运算

C 语言具有低级语言的功能,表现为能对 int 型和 char 型数据进行位运算。C 语言的位运算符如表 9-1 所示。

表 9-1 C 语言的位运算符

| 位运算符 | 功　能 | 举　　例 |
|---|---|---|
| ～ | 按位取反 | ～a,对变量 a 中各位全部取反 |
| << | 左移 | a<<2,将 a 中各位全部左移 2 位 |
| >> | 右移 | a>>2,将 a 中各位全部右移 2 位 |
| & | 按位与 | a&b,将 a 和 b 中各位按位进行"与"运算 |
| \| | 按位或 | a\|b,将 a 和 b 中各位按位进行"或"运算 |
| ^ | 按位异或 | a^b,将 a 和 b 中各位按位进行"异或"运算 |

**注意**:位运算和逻辑运算不同,例如,若 x＝5,则 x&&6 的值为真,而 x&6 的值为 4。

### 9.1.2 文件

**1. 文件分类**

文件是存储在外部介质上的一组相关数据的有序集合。根据数据的组织形式,文件可分为文本文件和二进制文件。

**2. 文件类型指针**

系统定义了文件类型指针 FILE 存放文件当前的读写位置、内存缓冲区的地址等。

格式：

```
FILE * fp;
```

语义：定义文件指针变量。

### 3. 文件的打开与关闭

1）文件的打开

格式：

```
fopen(文件名,"文件使用方式");
```

语义：以文件使用方式打开指定的文件。如果文件打开成功,则返回指向该文件的指针;如果文件打开失败,则返回空指针 NULL。

文件打开函数中的文件使用方式的取值和含义如表 9-2 所示。

表 9-2　文件使用方式

| 文件使用方式 | 含　　义 | 文件使用方式 | 含　　义 |
| --- | --- | --- | --- |
| r(只读) | 为输入打开一个字符文件 | r+(读写) | 为读写打开一个字符文件 |
| w(只写) | 为输出打开一个字符文件 | w+(读写) | 为读写建立一个新字符文件 |
| a(追加) | 向字符文件尾增补字符 | a+(读写) | 为读写打开一个字符文件 |
| rb(只读) | 为输入打开一个二进制文件 | rb+(读写) | 为读写打开一个二进制文件 |
| wb(只写) | 为输出打开一个二进制文件 | wb+(读写) | 为读写建立一个新二进制文件 |
| ab(追加) | 向二进制文件尾增补字符 | ab+(读写) | 为读写打开一个二进制文件 |

2）文件的关闭

格式：

```
fclose(文件指针变量);
```

语义：关闭文件指针所指向的文件。若关闭成功,则返回 0;否则返回 −1。

### 4. 输入和输出一个字符

以字符为单位进行文件读写操作,即每次可从文件读出一个字符或向文件写入一个字符。

格式：

```
fgetc(fp);
```

语义：如果读取成功,即从磁盘文件读取一个字符,则返回读取的字节值;如果读到文件尾或出错,则返回文件结束标志 EOF(−1)。

格式：

```
fputc(ch,fp);
```

语义：将变量 ch 中的值写到 fp 所指的磁盘文件中，不成功则返回文件结束标志。

### 5. 输入和输出一个字符串

与文件的字符输入一样，文件字符串输入是从文件中读出一个字符串并将其保存到连续的内存单元中。

格式：

```
fgets(str,n,fp);
```

语义：从文件中读取 n−1 个字符到连续的内存单元中（首地址是 str）。如果读取成功，则返回指向字符串的指针；如果读到文件尾或出错，则返回 NULL。

与文件的字符输出一样，文件字符串输出是将存放在内存中的字符串写到文件中。

格式：

```
fputs(str,fp);
```

语义：将存放在内存中的字符串 str 写到文件中。成功时返回 0，否则返回文件结束标志。

### 6. 格式化输入和输出

格式化输入函数 fscanf 只能从文本文件中按格式输入。它与 scanf 函数类似，只是输入的对象是文本文件中的数据。

格式：

```
fscanf(fp,格式,地址项表);
```

语义：从磁盘文件中读取格式化的数据到内存的地址项表中。如果读取成功，则返回读取的数据项的个数；如果读到文件尾或出错，则返回 EOF。

格式化输出函数 fprintf 按指定的格式将内存中的数据转换成对应的 ASCII 码保存到文本文件中。它与 printf 函数类似，只是输出的内容按格式存放到文本文件中。

格式：

```
fprintf(fp,格式,输出项表);
```

语义：把格式化的数据输出到指定的文件中。如果写入成功，则返回写入的字节数；否则返回 EOF。

### 7. 按记录方式输入输出

对二进制文件进行读写操作，通常以字节为单位。

格式：

```
fread(buffer,size,count,fp);
```

语义：从 fp 文件的当前位置读出 count 个数据，每个数据的大小是 size 个字节，并将读出的数据存放在 buffer 所指向的内存单元中，同时，将文件的位置指针向后移动 count×size

字节。若操作成功,则返回读出的数据个数;否则返回 0。

格式:

```
fwrite(buffer,size,count,fp);
```

语义:将 buffer 所指向的内存单元中的 count 个大小为 size 个字节的数据写入 fp 文件的当前位置,同时,将文件的位置指针向后移动 count×size 个字节。若操作成功,则返回写入数据的个数;否则返回 0。

【例 9-1】 将一个整数按 32 位二进制数输出。

分析:定义 mask＝0x80000000(十六进制,最高位是 1),与输入的整数进行按位与运算,得到该整数的最高位二进制表示;然后 mask 右移 1 位,继续和输入的整数进行按位与运算,得到该整数的次高位二进制表示;如此循环 32 次,得到一个整数的 32 位二进制形式。

程序代码:

```
#include "stdio.h"
int main()
{
    int j,num,bit;
    unsigned int mask;
    mask=0x80000000;
    printf("enter your number:");
    scanf("%x",&num);
    printf("binary of %0x is:",num);
    for(j=0;j<32;j++)
    {   bit=(mask&num)?1:0;
        printf("%d",bit);
        if(j==7||j==15||j==23) printf("----");
        mask>>=1;
    }
    printf("\n%");
}
```

程序运行结果:

```
enter your number:78
binary of 78 is:00000000---- 00000000---- 00000000---- 01111000
```

【例 9-2】 文件复制(文件中只有一行不超过 80 个字符的文字)。

分析:从一个文件中取出一行字符串放入 one_line 数组中,然后通过 fputs 函数将字符串写入新文件中。

程序代码:

```
#include <stdio.h>
#define MAX_CHARACTERS 81
```

```
int main()
{
    char one_line[MAX_CHARACTERS];
    FILE * fp_in, * fp_out;
    if((fp_in=fopen("file.txt","r"))==NULL)
        puts("Error in opening file.txt");
    else if((fp_out=fopen("new.txt","w"))!=NULL)
    {
        /* 将一串字符从文件 file 中取出,放入文件 new 中,实现文件的复制 */
        while(fgets(one_line,MAX_CHARACTERS,fp_in)!=NULL)
        fputs(one_line,fp_out);
        fclose(fp_in);
        fclose(fp_out);
        puts("Copying completed!");
    }
    else
        puts("Error in opening new.txt");
    return 0;
}
```

程序运行结果:

```
Copying completed!
```

同时,在当前文件夹下可以找到 new.txt 文件,其内容与 file.txt 文件相同。

# 9.2 实验 9:位运算与文件

本实验 2 学时。

## 9.2.1 整数取位

### 1. 实验内容

编写程序,完成取一个整数 b 的二进制形式的右起第 4～6 位。

### 2. 实验要求

(1) 将取出的 3 位二进制数按十进制整数输出。
(2) 输入程序,并运行该程序,分析运行结果是否正确。

### 3. 设计分析

若要取一个整数 b 的二进制形式的右起第 4～6 位,可将该数与 00111000 进行按位与运算,将结果输出即可。

**4. 操作指导**

(1) 在 E 盘文件夹"C 语言"下创建文件夹"实验 9",用于存放本章创建的所有程序项目。

(2) 启动 VC++ 6.0,进入集成开发环境,在菜单栏中选择 File→New 命令,弹出 New 对话框。

(3) 选择 Files 选项卡中的 C++ Source File,在 File 文本框中输入文件名 exp1,扩展名为". c",在 Location 文本框中指定该项目保存的位置,或单击"浏览"按钮,选择文件夹路径"E:\ C 语言\实验 9"。

(4) 单击 OK 按钮后,集成开发环境自动打开源代码编辑窗口,这样就进入编程环境,输入程序代码。

程序代码:

```
/* 实验 9-exp1.c */
#include <stdio.h>
int main()
{
    int a=56,b;
    scanf("%d",&b);
    printf("%d",b&a);
    return 0;
}
```

图 9-1　实验 9 的 exp1.c 程序运行结果

(5) 运行程序。输入数据 85 后,运行结果如图 9-1 所示。

在程序中,b＝85,对应的二进制形式为 01010101,a＝56,对应的二进制形式为 00111000,b 和 a 进行按位与运算,结果为 00010000,即十进制数 16。

**5. 进一步实验**

若将本实验结果按二进制数输出,程序该如何修改?

## 9.2.2　文件合并

**1. 实验内容**

(1) 编写程序完成以下功能:从键盘输入一个字符串,将其中的小写字母全部转换成大写字母,然后输出到磁盘文件 test 中保存。输入的字符串以"!"结束。

(2) 编写程序完成以下功能:有两个磁盘文件 A 和 B,各存放一行字母,今要求把这两个文件中的信息合并(按字母顺序排列),输出到新文件 C 中。

**2. 实验要求**

(1) 事先建立两个磁盘文件 A 和 B,各存放一行字母。

（2）输入程序，并运行该程序，分析运行结果是否正确。

### 3. 设计分析

对于实验要求（1），新建一个文件，从键盘输入一行字母，逐个判断字母是否为小写字母，若是则转换为大写字母，写入文件，直到遇到结束标志"！"。

对于实验要求（2），假设已有的两个文件 A 和 B 中字母的个数都在 20 个以内。解题思路为：首先分别打开两个文件，将两行字母取出，存放到 a 数组和 b 数组中，然后分别调用自定义的排序函数 sort 完成对 a 数组中数据和 b 数组中数据的排序，最后对有序的 a 数组和 b 数组应用合并算法完成信息合并，并存入新文件 C 中。

### 4. 操作指导

（1）在菜单栏中选择 File→Close Workspaces 命令，关闭前一个程序的运行空间。

（2）在菜单栏中选择 File→New 命令，弹出 New 对话框。

（3）选择 Files 选项卡中的 C++ Source File，在 File 文本框中输入文件名 exp2a，扩展名为"．c"，在 Location 文本框中指定该项目保存的位置，或单击"浏览"按钮，选择文件夹路径"E：\C 语言\实验 9"。

（4）单击 OK 按钮后，集成开发环境自动打开源代码编辑窗口，这样就进入编程环境，输入程序代码。

程序代码：

```
/* 实验 9-exp2a.c */
#include <stdio.h>
int main()
{
    char ch;
    FILE * fp;
    fp=fopen("text.txt","w");
    if(fp==NULL)
    {
        printf("file open error!\n");
        return -1;
    }
    while((ch=getchar())!='!')
    {
        if(ch>='a'&&ch<='z')
            ch=ch-32;
        fputc(ch,fp);
    }
    return 0;
}
```

（5）运行程序。程序运行结果如图 9-2 所示。

此时，新建文件 text.txt 中的内容如图 9-3 所示，程序中输入的小写字母 zhuhai 在新建文件中均变为大写字母。

图 9-2　实验 9 的 exp2a.c 程序运行结果　　　图 9-3　实验 9 的 exp2a.c 新建文件 text.txt 的内容

当完成上述实验后，注意在菜单栏中选择 File→Close Workspaces 命令，关闭前一个程序的运行空间，然后再建立 exp2b.c 文件，完成本实验的第二个问题的编程。

程序代码：

```
/* 实验 9-exp2b.c */
#include <stdio.h>
#include <string.h>
void sort(char x[])
{
    int len,i,j;
    char temp;
    len=strlen(x);
    for(i=0;i<len-1;i++)
        for(j=0;j<len-i-1;j++)
            if(x[j]>x[j+1])
            {   temp=x[j];x[j]=x[j+1];x[j+1]=temp;   }
}
int main()
{
    FILE * fp;
    char a[21],b[21],c[41];
    int lena,lenb;
    char * pa,* pb,* pc;
    if((fp=fopen("A.txt","r"))==NULL)
    {
        printf("can't open file A\n");
        return 1;
    }
    while(fgets(a,21,fp)!=NULL)
    {
        printf("the content of file A:");
        printf("%s\n",a);
```

```
    }
    fclose(fp);
    if((fp=fopen("B.txt","r"))==NULL)
    {
        printf("can't open file B\n");
        return 1;
    }
    while(fgets(b,21,fp)!=NULL)
    {
        printf("the content of file B:");
        printf("%s\n",b);
    }
    sort(a);sort(b);
    lena=strlen(a);lenb=strlen(b);
    pa=a;pb=b;pc=c;
    while(pa<=a+lena-1&&pb<=b+lenb-1)
    {
        if(*pa<=*pb) *pc++=*pa++;
        else *pc++=*pb++;
    }
    while(pa<=a+lena-1) *pc++=*pa++;
    while(pb<=b+lenb-1) *pc++=*pb++;
    *pc='\0';
    if((fp=fopen("C.txt","w"))==NULL)
    {
        printf("can't open file C\n");
        return 1;
    }
    fputs(c,fp);
    fclose(fp);
    if((fp=fopen("C.txt","r"))==NULL)
    {
        printf("can't open file C\n");
        return 1;
    }
    while(fgets(c,41,fp)!=NULL)
    {
        printf("the content of file C:");
        printf("%s\n",c);
    }
    fclose(fp);
    return 0;
}
```

若 A 文件中的内容为 Beijing,B 文件中的内容为 Zhuhai,则程序运行结果如图 9-4 所示,新建文件 C 的内容为 BZaeghhiiijnu。

图 9-4    实验 9 的 exp3a.c 程序运行结果

**5. 进一步实验**

若两个文件 A 和 B 存放的不是一行字母,而是一行任意字符,程序是否需要改动? 若要统计文件 C 中各类字符(字母、数字、其他字符)的个数,程序应如何修改?

# 练习题

**一、单项选择题**

1. 语句 printf("%d\n",12&012)的输出结果是(      )。

   A. 12 　　　　　　 B. 8 　　　　　　 C. 6 　　　　　　 D. 012

2. 定义 unsigned char x=3,y=2;,表达式 y<<x 的值为(      )。

   A. 6 　　　　　　 B. 16 　　　　　　 C. 8 　　　　　　 D. 0

3. 若定义 unsigned long x;,则表达式 x * 512 的值与下列选项中的(      )相同。

   A. x>>512 　　 B. x>>9 　　　　 C. x<<9 　　　　 D. x<<512

4. 以下叙述中不正确的是(      )。

   A. 表达式 a&=b 等价于 a=a&b 　　　　 B. 表达式 a|=b 等价于 a=a|b

   C. 表达式 a!=b 等价于 a=a!b 　　　　 D. 表达式 a^=b 等价于 a=a^b

5. 执行完以下 C 语句后,b 的值是(      )。

```
char z='A';
int b;
b=((255&15)&&(z|'a'));
```

   A. 0 　　　　　　 B. 1 　　　　　　 C. TRUE 　　　 D. FALSE

6. 设有以下语句:

```
char x=3,y=6,z;
z=x^y<<2;
```

   则 z 的二进制值是(      )。

   A. 00010100 　 B. 00011011 　 C. 00011100 　　 D. 00011000

7. 以下程序的输出是(      )。

```
main()
{   char x=040;
    printf("%d\n",x=x<<1);
}
```

       A. 100             B. 160             C. 120             D. 64

8. 系统的标准输入文件是指(　　)。

       A. 键盘              B. 显示器           C. 软盘             D. 鼠标

9. 系统的标准输出文件是指(　　)。

       A. 键盘              B. 显示器           C. 软盘             D. 鼠标

10. 若要用 fopen 函数建立一个新的文本文件,该文件要既能读也能写,则文件使用方式字符串应是(　　)。

       A. "a+"            B. "w+"           C. "r+"           D. "a"

## 二、程序填空题

1. 本程序在文本文件 abc 中查找指定字符,并显示所有包含这个字符的行。

```
#include <stdio.h>
int has_ch(char ch,char * line);
int main()
{
    FILE * fp;
    char ch,line[81];
    if((fp=fopen("abc.txt","r"))==NULL){
        printf("Can\'t open file!");
        exit(1);
    }
    while(fgets(line,81,fp)!=NULL)
    {
        ___①___ ;
        fputs(line,stdout);
    }
    fclose(fp);
    return 0;
}
int has_ch( ___②___ )
{
    while(* line)
        if( ___③___ )
            return(1);
    return 0;
}
```

2. 将从键盘上输入的 10 个字符串输出到文本文件中,再从此文件中读入这 10 个字符串,放在一个字符串数组中,最后把字符串数组输出到屏幕。

```
#include <stdio.h>
#include <string.h>
int main()
{
    FILE * fp;
    char ch,line[81],str[10][81];
    int i;
    if((fp=fopen("aaa.txt","w+"))==NULL)
    {   printf("can't open file !");
        exit(0);
    }
    printf("enter 10 strings,length less than 80");
    for(i=0;i<10;i++)
    {
        gets(line);
        fprintf(fp,"%s\n",line);
    }
     ①  ;
    for(i=0;i<10;i++)
    {  ②  ;
        printf("%s",str[i]);
    }
    fclose(fp);
    return 0;
}
```

# 第10章 综合实验

**实验目的**

综合考查学生对 C 语言程序设计的掌握程度。

本实验 3 学时。

## 1. 实验内容

在一个学生成绩管理系统中,保存学生个人的成绩情况,其中包括学号、姓名、性别、5 门课成绩。对所有成绩作如下处理:

(1) 从键盘输入 10 个学生的学号、姓名、性别、5 门课成绩,并计算出每个学生的平均成绩和全班所有课的平均成绩,将原有数据和计算出的平均成绩存放在磁盘文件 stu 中。

(2) 将上题 stu 文件中的学生数据按每个学生的平均成绩进行排序处理,将已排序的学生数据存入新文件 stu-sort 中。

(3) 对上题已排序的学生成绩文件进行插入处理。插入一个学生的 5 门课成绩,程序先计算新插入学生的平均成绩,然后按平均成绩高低顺序插入该学生的数据,插入后建立 stu-new 文件。

(4) 输出所有含有不及格课程的学生的学号、姓名、全部课程的成绩、平均成绩。

(5) 输出所有平均成绩在 90 分以上(含 90 分)的学生的学号、姓名、全部课程的成绩、平均成绩。

## 2. 实验要求

输入程序,并运行该程序,分析运行结果是否正确。

## 3. 设计分析

定义 input 函数完成数据的输入,定义 output 函数完成数据的输出,调用系统的 qsort 函数完成平均分的排序,定义 insert 函数完成一个学生数据的插入,定义 output_con 函数在屏幕输出所有含有不及格课程的学生的学号、姓名、全部课程的成绩、平均成绩,输出所有平均成绩在 90 分以上(含 90 分)的学生的学号、姓名、全部课程的成绩、平均成绩。

## 4. 操作指导

(1) 在 E 盘文件夹"C 语言"下创建文件夹"实验 10",用于存放本章创建的所有程序项目。

(2) 启动 VC++ 6.0,进入集成开发环境,在菜单栏中选择 File→New 命令,弹出 New 对话框。

(3) 选择 Files 选项卡中的 C++ Source File,在 File 文本框中输入文件名 exp1,扩展

名为".c",在 Location 文本框中指定该项目保存的位置,或单击"浏览"按钮,选择文件夹路径"E:\C 语言\实验 10"。

(4) 单击 OK 按钮后,集成开发环境自动打开源代码编辑窗口,这样就进入编程环境,输入程序代码。

程序代码:

```
#include <stdio.h>
#include <stdlib.h>
struct Stu
{
    int num;
    char name[20];
    char sex[5];
    float score[5];
    float ave;
}stu[15];
float toave;
void input()
{
    int i,j;
    float sum;
    for(i=0;i<10;i++)
    {
        printf("input student %d:\n",i+1);
        sum=0;
        scanf("%d%*c",&stu[i].num);
        gets(stu[i].name);
        gets(stu[i].sex);
        for(j=0;j<5;j++)
        {
            scanf("%f",&stu[i].score[j]);
            sum+=stu[i].score[j];
        }
        toave+=sum;
        stu[i].ave=sum/5;
    }
    toave/=10*5;
}
void output()
{
    int i,j;
    for(i=0;i<10;i++)
    {
        printf("%d\n%s\n%s\n",stu[i].num,stu[i].name,stu[i].sex);
```

```
            for(j=0;j<5;j++)
                printf("%.2f",stu[i].score[j]);
            printf("%.2f\n",stu[i].ave);
        }
        printf("%.2f\n\n",toave);
}
int cmp(const void * a,const void * b)
{
    return(* (struct Stu * )a).ave<(* (struct Stu * )b).ave?1:-1;
}
void insert()
{
    int j;
    float sum=0;
    scanf("%d% * c",&stu[10].num);
    gets(stu[10].name);
    gets(stu[10].sex);
    for(j=0;j<5;j++)
    {
        scanf("%f",&stu[10].score[j]);
        sum+=stu[10].score[j];
    }
    stu[10].ave=sum/5;
}
void output_con()                        / * 在控制台中输出 * /
{
    int i,j,k;
    for(i=0;i<11;i++)
    {
        for(j=0;j<5;j++)
        if(stu[i].score[j]<60)
        {
            printf("%d\n%s\n%s\n",stu[i].num,stu[i].name,stu[i].sex);
            for(k=0;k<5;k++)
                printf("%.2f",stu[i].score[k]);
            printf("%.2f\n",stu[i].ave);
            break;
        }
    }
    printf("\n");
    for(i=0;i<11;i++)
    {
        if(stu[i].ave>=90)
        {
```

```
            printf("%d\n%s\n%s\n",stu[i].num,stu[i].name,stu[i].sex);
            for(j=0;j<5;j++)
                printf("%.2f",stu[i].score[j]);
            printf("%.2f\n",stu[i].ave);
        }
    }
}
int main()
{
    input();
    freopen("stu","w",stdout);
    output();
    fclose(stdout);
    qsort(stu,10,sizeof(stu[0]),cmp);
    freopen("stu-sort","w",stdout);
    output();
    fclose(stdout);
    insert();
    qsort(stu,11,sizeof(stu[0]),cmp);
    freopen("stu-new","w",stdout);         /*插入后写入 stu-new.c 文件中*/
    output();
    fclose(stdout);
    freopen("CON","w",stdout);             /*输出到控制台*/
    printf("\n");
    output_con();
    return 0;
}
```

(5) 运行程序。输入以下数据:

```
1
Li Ling
女
100 89 38 78 88
2
Yang Run
女
45 89 23 43 89
3
Zhang Lei
男
99 69 58 78 76
4
Zheng Jiang
男
```

```
80 34 78 55 83
5
Wu Ling
女
88 89 96 100 86
6
Yang Ke
男
78 58 65 93 60
7
Lin Xiao
女
43 77 97 58 88
8
Zhao Xin
女
43 77 97 58 84
9
Wang Lan
女
95 100 77 50 88
10
Zhang Li
女
89 69 77 99 100
11
Fen Lei
女
100 100 100 100 100 100
```

程序运行结果如图 10-1 所示。

首先输出所有含有不及格课程的学生学号、姓名、全部课程的成绩、平均成绩。然后输出所有平均成绩在 90 分以上（含 90 分）的学生的学号、姓名、全部课程的成绩、平均成绩。

### 5. 进一步实验

（1）在该实验程序中，下列各函数的格式和功能是什么？

```
freopen("stu","w",stdout);
qsort(stu,10,sizeof(stu[0]),cmp);
```

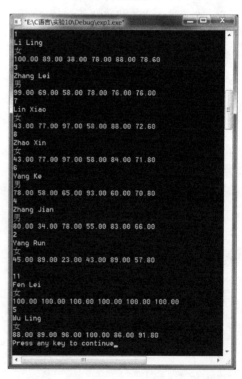

图 10-1　实验 10 的 exp1.c 程序运行结果

```
freopen("CON","w",stdout);
```

（2）如果将实验内容的前 3 个问题分别用 3 个 C 程序完成,应如何组建工程文件来调试和运行整个程序?

# 练习题

## 一、综合练习 1

### （一）单项选择题

1. 以下程序的输出结果是（      ）。

```
main()
{   int x=2,y=2,z;
    x * =3+2;printf("%d\t",x);
    x * =y=z=4;printf("%d",x);
}
```

    A. 10　40        B. 8　32        C. 30　25        D. 10　20

2. 1+'x'-2.3 * 123.456/'y'的结果是（      ）型数据。

    A. char        B. double        C. int        D. long int

3. 定义 int n=7;,以下语句的输出结果为（      ）。

```
printf(n%2 ? "AA": "BB");
```

    A. 无输出        B. AA        C. BB        D. AABB

4. 执行 x=1<2+3&&0||4 * 5>6-!0 后,x 的值是（      ）。

    A. 3        B. 1        C. 2        D. 0

5. 设有以下程序:

```
#include <stdio.h>
main()
{   while(putchar(getchar())!='!');   }
```

当输入“qwert!”时,程序的执行结果是（      ）。

    A. qwert        B. rxfsu        C. qwert!        D. rxfsu!

6. 以下能正确进行一维数组初始化的语句是（      ）。

    A. int a[20]=(1,2,3,4,5);

    B. int a[20]={ };

    C. int a[]={1};

    D. int a[20]=(10);

7. 若有以下定义:

```
int a[]={1,2,3,4,5,6,7,8,9}, * p=a;
```

则值为 4 的表达式是（　　　）。

　　A. p+=5,*(p++)　　　　　　　B. p+=2,*++p

　　C. p+=4,*p++　　　　　　　　D. p+=1,++*p

8. 为了判断两个字符串 s1 和 s2 是否相等，应当使用（　　　）。

　　A. if(s1==s2)　　　　　　　　B. if(s1=s2)

　　C. if(strcpy(s1,s2))　　　　　D. if(strcmp(s1,s2)==0)

9. 以下程序段的输出结果是（　　　）。

```
static int a[2][3]={1,2,3,4,5,6},(*p)[3],m;
p=a;
for(m=0;m<3;m++)
    printf("%d ",*(*(p+1)+m));
```

　　A. 1 2 3　　　　　B. 3 4 5　　　　　C. 4 5 6　　　　　D. 不确定的值

10. C 语言中的函数（　　　）。

　　A. 可以嵌套定义

　　B. 不可以嵌套调用

　　C. 可以嵌套调用,但不可以递归调用

　　D. 可以嵌套调用,也可以递归调用

11. 若 k 是 int 型变量,且有下面的程序片段：

```
k=--3;
if(k<=0) printf("####")
else printf("&&&&");
```

则上面程序片段的输出结果是（　　　）。

　　A. ####

　　B. &&&&

　　C. #### &&&&

　　D. 上面的程序片段有语法错误,无输出结果

12. 二维数组 a[10][10] 各元素的初值为：从 a[0][0]=0 开始,后一个数组元素的值比前一个数组元素的值多 1,则 *(*(a+3)+2) 的值为（　　　）。

　　A. 31　　　　　B. 32　　　　　C. 5　　　　　D. 6

13. 若已定义 a 为 int 类型变量,则以下指针定义语句中正确的是（　　　）。

　　A. int *p=a;　　　　　　　　B. int p=&a;

　　C. int *p=&a;　　　　　　　D. int *p=*a;

14. 以下正确的表达式为（　　　）。

　　A. char str="computer";　　　　B. char *str="computer";

　　C. char **str="computer";　　　D. char *str='c';

15. 以下程序在 C 语言环境下的输出是（　　　）。

```
struct type {
```

```
    long x[2];
    short y[4];
    char z[8];
}MYTYPE;
MYTYPE them;
main()
{  printf("%d\n",sizeof(them));  }
```

     A. 32          B. 16          C. 14          D. 24

**（二）判断题**

1. 表达式 strlen("std\n007\1\\")的值是 10。

2. C 语言程序的执行总是从主函数 main 开始。

3. for( ; ; )和 while(1)的功能是相同的。

4. 在同一个源文件中,外部变量与局部变量同名,则在局部变量的作用范围内,外部变量不起作用。

5. C 语言中的文件包含是不可以嵌套的。

6. 设有下面的程序段：char s[]="china";char *p=s;,p 和 s 可以随意替换使用。

7. 若有定义 int x=0,*p=&x;,则语句 printf("%d\n",*p);的输出结果为 p 的地址。

8. 设有数组定义 int a[][4]={0,0};,则数组的行数为 1。

9. C 程序中注释部分可以出现在程序中的任意地方。

10. fopen 如果执行成功,则返回一个任意类型的指针值。

**（三）写出程序的运行结果**

1.

```
main()
{  int x=2;
    {  void prt(void);
       int x=4;
       prt();
       printf("x=%d\n",x);
    }
    printf("x=%d\n",x);
}
void prt(void)
{  int x=6;
    printf("x=%d\n",x);
}
```

2.

```
#include "stdio.h"
int abc(int u,int v);
```

```
main()
{  int a=25,b=10,c;
   c=abc(a,b);
   printf("%d\n",c);
}
int abc(int u,int v)
{  int w;
   while(v)
   {  w=u%v; u=v; v=w;  }
   return u;
}
```

3. 有以下 C 语言源程序文件,名为 abc.c,其内容为

```
main(int argc,char * argv[])
{  while(argc-->1)
   printf("%s\n", * ++argv);
}
```

命令行输入为

abc     aaa     bbb     ccc     ddd

4.

```
#include "stdio.h"
main()
{  static char s[]="abcdef";
   char * p=s;
   * (p+2)+=3;
   printf("%c,%c\n", * p, * (p+2));
}
```

## （四）程序填空题

1. 以下函数的功能是打印斐波那契数列的前 n 项。

```
void number_fibonacci(int n)
{  int m;long fib,fib1,fib2;
   fib1=1;fib2=1;
     ①  ;
   for(m=3;m<n;m++)
   {  fib=fib1+fib2;
       ②  ;
       ③  ;
      print("%ld ",fib);
   }
}
```

```
main()
{  int n;
   scanf("%d",&n); number_fibonacci(n); printf("\n");
}
```

2.

```
main()
{  static int a[3][5]={1,2,3,4,5,6,7,8,9,10,11,12,13,14,15};
   int i,j;
   ___①___ ;
   p=a;
   for(i=0;i<3;i++)
       for(j=0;j<5;j++)
           printf("%d", ___②___);
}
```

3. 以下函数的功能是统计串 substr 在母串 str 中出现的次数。

```
int count(char * str,char * substr)
{  int i,j,,k,num=0;
   for(i=0; ___①___ ; i++)
       for(___②___, k=0; substr[k]==str[j]; k++,j++)
           if(substr[___③___]=='\0'
               { num++; break; }
   ___④___ ;
}
```

**（五）编程题**

1. 把 316 这个数表示为两个数之和,使其中的一个数能被 13 整除,而另一个数能被 11 整除。编写程序求解这两个数。

2. 有 5 个字符串：BASIC、FORTRAN、COBOL、PASCAL、C,要求用选择排序法按字母由小到大顺序输出这 5 个字符串(要求用指针数组实现)。

**二、综合练习 2**

**（一）单项选择题**

1. 下面的定义语句中正确的是(    )。

    A. char a='A' b='B';　　　　　　　　B. float a=b=10.0;

    C. int a=10,*b=&a;　　　　　　　　D. float *a,b=&a;

2. 用 C 语言编写的代码程序(    )。

    A. 可立即执行　　　　　　　　　　B. 是一个源程序

    C. 经过编译即可执行　　　　　　　D. 经过编译解释才能执行

3. 能正确表达变量 c 为大写字母的 C 语言表达式是(    )。

    A. c>='A' and c<='Z'　　　　　　B. c>='A'||c<='Z'

      C. c>='A' or c<='Z'　　　　　　　　D. c>='A'&&c<='Z'

4. 设变量 a 是整型,f 是实型,i 是双精度型,则表达式 10+'a'+i∗f 值的数据类型为( )。

    A. int　　　　　B. float　　　　　C. double　　　　D. 不确定

5. 有函数调用语句 fun(x+y,(a,b),fun(n+k,a,(x,y)));,此函数( )。

    A. 形参个数为 3　　　　　　　　B. 形参个数为 4

    C. 形参个数为 5　　　　　　　　D. 有语法错误

6. 设有语句 int a=5,b; b=a>3&&0,a++;,执行后变量 b 的值为( )。

    A. 5　　　　　B. 6　　　　　C. 0　　　　　D. 1

7. 设有如下程序:

```
main()
{ int x;
  scanf("%d",&x);
  if(x--<5) printf("%d\n",x);
  else printf("%d\n",x++);
}
```

程序运行后,如果从键盘上输入 5,则输出结果是( )。

    A. 3　　　　　B. 4　　　　　C. 5　　　　　D. 6

8. 循环语句 while(!E);中的表达式!E 等价于( )。

    A. E!=0　　　　B. E!=1　　　　C. E==0　　　　D. E==1

9. 设有数组定义 char array[]="China";,则数组 array 所占的存储空间为( )。

    A. 4 个字节　　　B. 5 个字节　　　C. 6 个字节　　　D. 7 个字节

10. 若有语句 int s[3][3],(∗p)[3];p=s;,则对 s 数组元素的正确引用形式是( )。

    A. p+1　　　　B. ∗(p+1)　　　　C. p[1][2]　　　　D. ∗(p+1)+2

11. C 语言中最简单的数据类型包括( )。

    A. 整型、实型、逻辑型　　　　　　B. 整型、实型、字符型

    C. 整型、字符型、逻辑型　　　　　D. 整型、实型、逻辑型、字符型

12. 有如下程序:

```
#define f(x) x*x
main()
{ int i;
  i=f(4+4)/f(2+2);
  printf("%d\n",i);
}
```

执行后输出结果是( )。

    A. 28　　　　　B. 22　　　　　C. 16　　　　　D. 4

13. 以下对语句 int a[10]={6,7,8,9,10};理解正确的是( )。

A. 将 5 个初值依次赋给 a[1]～a[5]

B. 将 5 个初值依次赋给 a[0]～a[4]

C. 将 5 个初值依次赋给 a[6]～a[10]

D. 数组长度与初值个数不同,此语句不正确

14. 以下 main 函数命令行参数表示形式中不合法的是( )。

A. main( int a,char *c[])　　　　　　B. main(int arc,char **arv)

C. main(int argc,char *argv)　　　　 D. main( int argv,char *argc[])

15. 设有如下定义:

```
struct ss{
    char name[10];
    int age;
    char sex;
}std[3], * p=std;
```

下面各输入语句中错误的是( )。

A. scanf("%d",&( * p). age);　　　　B. scanf("%s",&std. name);

C. scanf("%c",&std[0]. sex);　　　　D. scanf("%c",&(p->sex));

**(二)填空题**

1. C 程序是由_____构成的,一个 C 程序必须且只能有一个_____。

2. 算法的基本性质包括_____、_____和_____。

3. 结构体数据类型是处理一组_____的用户自行定制的数据类型。

4. C 语言中变量的存储类型包括局部变量、_____、_____、_____。

5. 迭代与穷举算法采用_____型程序设计。

**(三)写出程序的运行结果**

1. 运行下面程序时,从键盘输入"right?"。

```
main()
{
    char c;
    while((c=getchar())!='?')
        putchar(++c);
}
```

2.

```
main()
{ int k=4,n=0;
    for(;n<k;)
    { n++;
        if(n%3!=0) continue;
        k--;
    }
```

```
    printf("%d,%d\n",k,n);
}
```

3.

```
main()
{  char str[]="xyz",*p=str;
   while(*ps) ps++;
   for(ps--;ps-str>=0;ps--)
       puts(ps);
}
```

4.

```
#include "stdio.h"
main()
{  char s1[]="this book",s2[]="this hook";
   int i;
   for(i=0;s1[i]!='\0'&&s2[i]!='\0';i++)
       if(s1[i]==s2[i]) printf("%c",s1[i]);
}
```

## （四）程序填空题

1. 以下程序的功能是：输入 10 个数字，然后按逆序输出。

```
void main()
{  int i,a[10];
   for(i=0; i<=9; i++)
       ___①___ ;
   for(i=9; __②__ ; i--)
       printf("%d ",a[i]);
}
```

2. 以下程序的功能是：输入一串字符，分别统计出英文字母、空格、数字和其他字符的个数。

```
void main()
{  char c;
   int letters=0,space=0,digit=0,other=0;
   printf("please input a string:\n");
   while( __①__ )
   {  if( __②__ )
          letters++;
      else if(c==' ')
          space++;
      else if(c>='0'&&c<='9')
       ___③___ ;
```

```
            else
                ④    ;
        }
        printf("letters: %d\nspace: %d\n ",letters,space);
        printf("digit: %d\nother: %d\n", digit,other);
}
```

3. 以下程序的功能是：输出水仙花数。水仙花数是满足以下条件的 3 位数：其每一位上的数字的立方和等于这个 3 位数本身。

```
#include "stdio.h"
main()
{   int i,a,b,c,x,y;
    for(i=100;i<999;   ①   )
    {   x=i;
        c=x%10;   ②   ;
           ③    ;
           ④    ;
        if(   ⑤   )
            printf("%d",i);
    }
}
```

**（五）编程题**

1. 有 4 名学生，每名学生的数据包括学号、姓名、成绩，要求输出成绩最高者的姓名和成绩。

2. 编写程序，求 1!＋2!＋…＋20!。

# 附录 A　各章练习题参考答案

**第 1 章**

**一、单项选择题**

1．B　2．D　3．B　4．A　5．C　6．A　7．C　8．A　9．D　10．B

**二、写出程序的运行结果**

1．aa bb cc　　abc

　　A N

2．3，2

3．70 is F

　　F is 70

**第 2 章**

**一、单项选择题**

1．C　2．C　3．A　4．B　5．B　6．D　7．B　8．B　9．A　10．D

**二、写出程序的运行结果**

1．0

　　0

2．2

　　3

　　me

　　x=2,y=2,z=4

3．3　1　4　3　3　4　2　3

**第 3 章**

**一、单项选择题**

1．A　2．D　3．D　4．D　5．B　6．C　7．C　8．C　9．B　10．A

**二、写出程序的运行结果**

1．The primers from 100 to 200 is:

　　101,103,107,109,113,127,131,137,139,149,151,157,163,167,173,

　　179,181,191,193,197,199

2．2000 is leap year!

**第 4 章**

**一、单项选择题**

1．B　2．D　3．A　4．B　5．C　6．D　7．C　8．C　9．D　10．D

二、写出程序的运行结果

1. 0

2. 56

3. 4

4. 9

5. 852

6. 32

## 第5章

### 一、单项选择题

1. D　2. B　3. B　4. B　5. B　6. C　7. D　8. A　9. B　10. C

### 二、写出程序的运行结果

1. 8,10

2. FGHKL

3. 3,5,7

4. 9,8

5. 10

6. 1

## 第6章

### 一、单项选择题

1. C　2. A　3. C　4. A　5. A　6. D　7. D　8. C　9. D　10. B

### 二、写出程序的运行结果

1. 8

2. 6

3. 64

4. 7.5

5. 18 34 92

6. 6 54

## 第7章

### 一、单项选择题

1. B　2. D　3. D　4. D　5. C　6. B　7. B　8. C　9. C　10. C

### 二、程序填空题

1. ①*q<*r　　②*p!=*r　　③p,q

2. ①i<=3&&*p!='\0'　　②i%4==0

3. ①p1+strlen(str)-1　　②t==0　　③huiwen(str)

第 8 章

一、单项选择题

1．A　2．D　3．D　4．C　5．B　6．C　7．C　8．D　9．B　10．B

二、程序填空题

1．①max=person[i].age　　②min=person[i].age　　③&&

2．①(struct list *)　　②(struct list *)　　③return(h)

3．①p->next　　②m>p->data

第 9 章

一、单项选择题

1．B　2．B　3．C　4．C　5．B　6．B　7．D　8．A　9．B　10．B

二、程序填空题

1．①if(has_ch(ch,line)!=0)　　②char ch,char * line
　　③ch== * line++

2．①rewind(fp)　　②fgets(str[i],80,fp)

第 10 章

综合练习 1

（一）单项选择题

1．A　2．B　3．B　4．B　5．C　6．C　7．B　8．D　9．C　10．D　11．D　12．B
13．C　14．B　15．D

（二）判断题

1．错　2．对　3．对　4．对　5．错　6．错　7．错　8．对　9．错　10．错

（三）写出程序的运行结果

1．x=6
　　x=4
　　x=2

2．5

3．aaa
　　bbb
　　ccc
　　ddd

4．a,f

（四）程序填空题

1．①printf("%ld %ld",fib1,fib2)　　②fib1=fib2　　③fib2=fib

2．①int ( * p)[5]　　② * ( * (p+i)+j)

3．①i<strlen(str)　　②j=i　　③k+1　　④return num

（五）编程题

略。

**综合练习2**

（一）单项选择题

1. C　2. B　3. D　4. C　5. A　6. C　7. B　8. C　9. C　10. C　11. B　12. A　13. B　14. C　15. B

（二）填空题

1. 函数

2. 有效性　确定性　有穷性

3. 不同类型

4. 全局　静态　动态

5. 循环型

（三）写出程序的运行结果

1. sjhiu

2. 3,3

3. 7

4. this ook

（四）程序填空题

1. ①scanf("%d",&a[i])　　②i>=0

2. ①(c=getchar())!='\n'　　②(c>='a'&&c<='z')||(c>='A'&&c<='Z')
　　③digit++　　④other++

3. ①i++　　②y=x/10　　③b=y%10　　④a=y/10
　　⑤a*a*a+b*b*b+c*c*c==i

（五）编程题

略。

# 参 考 文 献

[1]　谭浩强,张基温. C 语言程序设计教程[M]. 北京:高等教育出版社,2006.

[2]　胡明,王红梅. 程序设计基础:从问题到程序[M]. 北京:清华大学出版社,2016.

[3]　苏小红,车万翔,王甜甜. C 语言程序设计学习指导[M]. 北京:高等教育出版社,2011.

[4]　Kelly P,苏小红. 双语版 C 程序设计[M]. 北京:电子工业出版社,2013.

[5]　裘宗燕. 从问题到程序:程序设计与 C 语言引论[M]. 北京:机械工业出版社,2012.

[6]　李春葆,刘斌. C 程序设计考点精要与解题指导[M]. 北京:人民邮电出版社,2012.

[7]　龙瀛,满晓宇. C 语言课程辅导与习题解析[M]. 北京:人民邮电出版社,2002.

[8]　谭浩强,鲍有文,周海燕,等. C 程序设计试题汇编[M]. 北京:清华大学出版社,1998.

[9]　李春葆,李筱驰. 直击招聘:程序员面试笔试 C 语言深度解析[M]. 北京:清华大学出版社,2018.

[10]　田淑清. 全国计算机等级考试二级教程:C 语言程序设计[M]. 北京:高等教育出版社,2015.

[11]　王敬华,林萍,张清国. C 语言程序设计教程[M]. 2 版. 北京:清华大学出版社,2009.

[12]　Balagurysamy E. Programming in ANSI C[M]. 3rd Ed. 北京:清华大学出版社,2010.